高等院校应用技术型人才培养规划教材

PCB 设计与制作
（基于 Altium Designer）

邢云凤　主编

中国铁道出版社有限公司
CHINA RAILWAY PUBLISHING HOUSE CO., LTD.

内 容 简 介

本书以电路原理图设计与 PCB 设计知识和操作技能为依据构建模块，共分为设计基础、电路原理图绘制、元件库操作、原理图绘制高级操作、PCB 设计、PCB 制作工艺六大模块。主要内容包括电路板设计基本流程以及 Altium Designer 软件的设计环境；简单的电路原理图绘制方法；原理图库元件、封装库元件以及集成库的设计方法；原理图设计过程中的一些进阶操作方法；PCB 布局、布线以及布线后处理等操作；PCB 制作工艺，如制板所需材料、制板前准备、加工方法以及生产过程等。

本书适合作为高等院校工科电类相关专业 PCB 设计与制作、电子 CAD 等工学结合课程及课程设计的教材，也可以供从事电子线路设计工作的工程设计人员参考。

图书在版编目（CIP）数据

PCB 设计与制作:基于 Altium Designer/邢云凤
主编. —北京:中国铁道出版社有限公司,2019.7(2023.7 重印)
高等院校应用技术型人才培养规划教材
ISBN 978-7-113-25675-3

Ⅰ. ①P… Ⅱ. ①邢 Ⅲ. ①印刷电路-计算机辅助
设计-应用软件-高等学校-教材 Ⅳ. ①TN410. 2

中国版本图书馆 CIP 数据核字(2019)第 063040 号

书　　名:**PCB 设计与制作**(基于 Altium Designer)
作　　者:邢云凤

策　　划:王春霞　　　　　　　　　　　　编辑部电话: (010)63550836
责任编辑:王春霞　彭立辉
封面设计:付　巍
封面制作:刘　颖
责任校对:张玉华
责任印制:樊启鹏

出版发行:中国铁道出版社有限公司(100054,北京市西城区右安门西街 8 号)
网　　址:http://www.tdpress.com/51eds/
印　　刷:北京市科星印刷有限责任公司
版　　次:2019 年 7 月第 1 版　2023 年 7 月第 4 次印刷
开　　本:787 mm×1 092 mm　1/16　印张:10　字数:215 千
书　　号:ISBN 978-7-113-25675-3
定　　价:28. 00 元

前 言

EDA(Electronic Design Automation,电子设计自动化)技术是现代电子工程领域的一门实用新技术,它提供了基于计算机的电路设计方法。EDA 技术的发展和推广极大地推动了电子产业的发展,在现代化产业体系中,在新一代信息技术领域里,占有重要地位。掌握EDA 技术是电子工程师就业的基本条件之一。PCB(Printed Circuit Board,印制电路板)设计是 EDA 技术的重要内容,也是电子信息行业工程实践中应用最多的技术之一,是工科电类专业学生必须掌握的重要技能。

为落实党的二十大精神,"全面提高人才自主培养质量,着力造就拔尖创新人才",本书以最新版本的 Altium Designer 软件为设计工具,完整介绍 PCB 设计与制作的流程。该软件是进入我国最早的 EDA 软件,是目前 EDA 行业中使用最方便、操作最快捷、人性化界面最好的辅助工具,一直以易学、易用而深受广大电子设计者的喜爱,在国内应用最为广泛。该系列软件从早期的 Protel 99 SE 到后续的 Protel DXP,再到新版本的 Altium Designer,功能变得越来越完善。它集成 PCB 设计系统、电路仿真系统、FPGA 设计系统于一体,可以实现从芯片级到 PCB 级的全套电路设计,大大方便了设计人员。本书以 Altium Designer 10 版本为基础进行讲解。

本书落实二十大报告中"产教融合、科教融汇,优化职业教育类型定位"精神,由校企人员共同合作,在相关岗位和职业能力需求调研基础上,面向工学结合,突出职业能力培养,按照实际岗位工作流程整合工作中涉及的专业知识与技能,以真实产品电路为载体,通过完成实际的工作任务,使学生达成学习目标,掌握岗位技能。

本书实行模块化教学,以电路原理图设计与 PCB 设计知识和操作技能为依据构建模块,分为设计基础、电路原理图绘制、元件库操作、原理图绘制高级操作、PCB 设计、PCB 制作工艺等六大模块。

本书适合作为高等院校工科电类相关专业 PCB 设计与制作、电子 CAD 等工学结合课程及课程设计的教材,也可以供从事电子线路设计工作的工程设计人员参考。

本书由深圳信息职业技术学院邢云凤老师负责统筹编写,课程组成员张卫丰博士、崔英杰老师、张春晓博士、范金坪博士、ADI 公司工程师龙亚春为本书的编写做了大量工作,并提出了许多宝贵建议。

由于时间仓促,编者水平有限,书中疏漏与不妥之处在所难免,恳请广大读者批评指正。

编 者

2023 年 7 月

目 录

→ 设计基础

 学习目标

- 熟悉电路板设计的基本流程和方法,包括原理图和 PCB 的设计流程。
- 了解所使用设计软件 Altium Designer 的背景知识。
- 熟悉 Altium Designer 的操作环境,认识 Altium Designer 各种图形用户界面和常用控件,能够熟练地进行工作面板管理、窗口管理及基本参数设置。
- 熟悉 Altium Designer 的工程结构和文档类型,能够熟练地对各类文档进行新建、打开、关闭、复制、删除等基本操作。

我们将在本模块中进行设计的准备工作,其中包括了解电路设计流程、了解和熟悉 Altium Designer 软件、熟练地管理 Altium Designer 的工作面板和窗口,以及熟练地对软件中的各类文件进行简单的基本操作。

1.1 电路板总体设计流程

电路板的设计流程,就是将设计者的电路设计思想变成 PCB 文件,以便生产制作电路板的过程。电路板的设计流程如图 1-1 所示。其中,最为关键的就是电路原理图的设计和 PCB 设计两部分。

1.1.1 电路原理图的设计步骤

电路原理图的设计是整个电路板设计的基础,电路原理图设计的好坏将直接影响到 PCB 能否正常工作。一张好的电路原理图首先要保证原理图的元件选择及连线准确无误;其次还要保证原理图结构清晰,布局合理,便于设计人员阅读。下面简单介绍一下电路原理图的设计步骤,如图 1-2 所示。

图 1-1　电路板的设计流程

1. 建立原理图文件

新建原理图文件,扩展名为 . SchDoc。

2. 原理图环境设置

用户不仅可以根据电路的复杂程度和所要求的图纸规范来设置纸张的大小、方向、标题栏的格式等图纸参数,而且可以根据需要设置原理图的设计信息,包括公司名称及设计者的姓名和制图日期等。另外,设计环境还包括设置格点和光标的大小和类型等。一般情况下，大多数参数均可采用系统默认值，设置之后无须修改。

3. 加载原理图元件库

将用户所需原理图元件库加载至设计管理器中，以便查找。

4. 绘制原理图

用户可以充分利用 Altium Designer 所提供的各种原理图绘制工具、丰富的在线库以及强大的全局编辑能力，来达到设计的目的。绘制原理图主要包括放置元件和调整元件位置、设置元件的属性以及元件的连线等步骤。首先，按照清晰、美观的设计要求，将元件放置到合适的位置；然后，对元件的序号、封装形式和型号等属性进行定义与设置；最后是元件的连线及调整。用户可以利用 Altium Designer 的各种工具和命令进行画图工作，将事先放置好的元件用具有电气意义的导线、网络标号等连接起来，使各元件之间具有符合设计的电气连接关系。

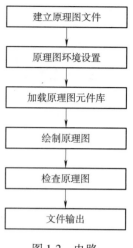

图 1-2　电路原理图设计步骤

5. 检查原理图

初步绘制完成的原理图难免存在一些错误，Altium Designer 提供的校验工具能够帮助用户对电路原理图进行电气规则检查，以避免人为的错误，保证原理图正确无误。

6. 文件输出

电路原理图绘制完毕后，除了应当在计算机中进行必要的保存外，往往还需要将电路原理图打印输出，以方便设计人员进行校对、参考和存档。另外，还可以根据实际需要选择生成其他各种报表文件。

1.1.2　PCB 设计的一般步骤

PCB 设计是电路设计中最重要、最关键的一步，设计的一般步骤如图 1-3 所示。

1. 建立 PCB 文件

新建 PCB 文件，扩展名为 .PcbDoc。

2. 规划电路板

在绘制电路板之前，用户首先要做的就是对所要绘制的电路板进行初步的规划。例如，要综合系统的性能、成本及应用场合等多方面因素，来考虑是采用单面板、双面板还是多层板，电路板需要多大尺寸，元件采用什么样的封装形式，以及元件的摆放位置等。对于成功的设计者来说，这一步是不可或缺的，它直接影响到后续工作能否顺利展开。

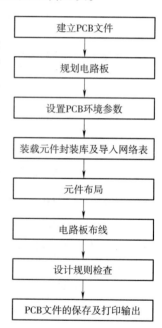

图 1-3　PCB 设计的一般步骤

3. 设置 PCB 环境参数

电路板环境参数设置主要包括对元件的布置参数、板层参数和布线参数等进行适当的设置。其中,有些参数可以直接采用系统默认值,有些则必须根据设计要求自行设置。

4. 装载元件封装库及导入网络表

电路板规划工作完成后,需要将原理图的设计信息传递到 PCB 编辑器中进行 PCB 设计。每个元件都必须具有相应的封装,才能够实现自动布线,而元件的封装说明是包含在网络表文件中的,因此,只有将网络表和元件封装库全部装入后,才能够开始 PCB 自动布局和布线。

从原理图向 PCB 编辑器传递的设计信息主要包括网络表文件、元件的封装和一些设计规则信息。Altium Designer 实现了真正的双向同步设计,网络表与元件封装的导入既可以通过原理图编辑器内更新 PCB 文件来实现,也可以通过在 PCB 编辑器内导入原理图的变化来完成。

要强调的是用户在导入网络表之前,必须先装载元件封装库,否则将导致导入网络表失败。

5. 元件布局

在设置好电路板的尺寸和外形并装入网络表之后,程序会自动装入元件。尽管 Altium Designer 可以自动布局,但不可能完全满足设计要求,用户还需要对元件的位置进行必要的手工调整,以便进行后续的布线工作。

6. 电路板布线

电路板布线有自动布线和手工布线两种基本形式。Altium Designer 的自动布线功能十分强大,只要各种参数设置合理,元件位置布局得当,自动布线的成功率几乎可以达到 100%。但是,由于算法的限制和用户要求的不同,自动布线难免存在着不尽如人意的地方,这就需要设计人员进行手工调整。手工调整的效果因人而异,主要依赖于设计人员经验的积累。

7. 设计规则检查

布线完毕后,对电路板进行设计规则检查(Design Rules Check,DRC),并及时纠正错误,以确保电路板符合用户事先设置的布线规则,并确保所有网络的正确连接。

8. PCB 文件的保存及打印输出

完成布线后,用户应及时保存 PCB 文件,并根据需要将其打印出来。

1.2　Altium Designer 的发展

Altium 公司前身为 Protel 公司,由 Nick Martin 于 1985 年创始于澳大利亚,同年推出了第一代 DOS 版 PCB 设计软件,其升级版 Protel for DOS 由美国引入中国,因其方便、易学而得到广泛应用。

1991 年,Protel 公司发布了世界上第一个基于 Windows 环境的 EDA 工具——Protel for Windows 1.0 版。

模块 1 设计基础

1998 年，Protel 公司推出了 Protel 98，它是一个 32 位的 EDA 软件，将原理图设计、PCB 设计、无网格布线器、可编程逻辑元件设计和混合电路模拟仿真集成于一体化的设计环境中，大幅改进了自动布线技术，使得 PCB 自动布线真正走向了实用。

随后的 Protel 99，以及 Protel 99 SE 使得 Protel 成为中国用得最多的 EDA 工具，电子专业的大学生在大学阶段基本上都用过 Protel 99 SE。据统计，在中国有 73% 的工程师和 80% 的电子工程相关专业的在校学生在使用其所提供的解决方案。

2001 年，Protel Technology 公司改名为 Altium 公司，并于 2002 年推出了令人期待的新产品 Protel DXP。与 Protel 99 SE 相比，Protel DXP 不论是操作界面还是功能上都有了非常大的改进。经过多年蜕变，Protel DXP 正式更名为 Altium Designer。此后推出的 Altium Designer 6.0，集成了更多的工具，使用方便，功能更强大，特别是 PCB 设计性能大幅提高。

2011 年推出的 Altium Designer 10.0 将 ECAD（Electronic circuit Computer Aided Design，电子电路计算机辅助设计，简称电气设计）和 MCAD（Mechanical Computer Aided Design，机械计算机辅助设计，简称机械设计）两种文件格式结合在一起，在一体化设计解决方案中为电子工程师带来了全面验证机械设计（如外壳与电子组件）与电气特性关系的能力。它囊括了所有在完整的电子产品开发中必需的技术和功能，将板级和 FPGA 级系统设计、嵌入式软件开发、PCB 板图设计和制造加工等设计工具集成到一个单一的设计环境中，并加入了对 OrCAD 和 PowerPCB 的支持能力，使其功能更加完善。

目前，Altium Designer 18 已经问世。

本书采用 Altium Designer 10 进行 PCB 设计，涉及的原理图与 PCB 设计模块是该软件的基本功能模块，Altium Designer 10.0 以上的版本都能够满足设计要求。

1.3　Altium Designer 的组成

Altium Designer 并不只是一个简单的电子电路设计工具，而是一个功能完善的电路设计、仿真与 PCB 制作系统，它由以下四大设计模块组成。

（1）原理图（SCH）设计模块：主要用于电路原理图的设计，并生成原理图的网络表文件，以便于后续的电路仿真或 PCB 设计。

（2）原理图仿真模块：主要用于电路原理图的仿真，以检验电路在原理图设计过程中是否存在意想不到的缺陷。它可以通过对设计电路引入运行的必备条件，使电路在模拟真实的环境下运行，从而检验电路是否达到理想的运行效果。

（3）PCB 设计模块：将原理图设计成实际的印制电路板图，由其生成的 PCB 文件可直接交付 PCB 生产厂家。

（4）可编程逻辑器件（FPGA）设计模块：该模块可对 PCB 上的可编程逻辑器件（如 CPLD、FPGA 等）编程，通过编译后，再将文件烧录到逻辑器件中，生成具有特定功能的器件。

1.4　设 计 环 境

打开 Altium Designer 时，最常见的初始任务显示在特殊视图 Home Page（主页）中，以方便选用，如图 1-4 所示。

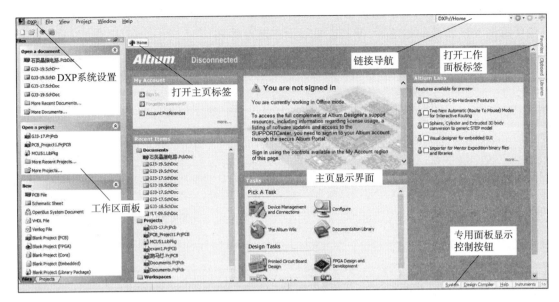

图1-4　主页显示界面

Altium Designer 的操作环境由两个主要部分组成：

（1）Altium Designer 主要文档编辑区域，如图1-4 右边所示。

（2）Workspace（工作区）面板。Altium Designer 有很多操作面板，默认设置为一些面板放置在应用程序的左边，一些面板可以以弹出的方式在右边打开，一些面板呈浮动状态，另外一些面板则为隐藏状态。

1.4.1　工作面板管理

Altium Designer 中大量地使用工作面板，通过工作面板可以方便地实现打开文件、访问库文件、浏览每个设计文件和编辑对象等各种功能。这是 Altium Designer 的一大特色，在设计工程中十分有用，通过它可以方便地操作文件和查看信息，并能够提高编辑的效率。熟练地操作与管理面板能够大幅提高电路设计效率，下面详细介绍一下面板操作。

工作面板可以分为两类：一类是在任何编辑环境中都有的系统型面板，如库文件（Libraries）面板和工程（Project）面板；另一类是在特定的编辑环境下才会出现的编辑器面板，如 PCB 编辑环境中的导航器（Navigator）面板。

1. 面板显示方式

面板的显示方式有 3 种：自动隐藏方式、锁定显示方式和浮动显示方式，各种面板显示方式如图1-5 所示。

（1）自动隐藏方式：这种面板也称为弹出式面板。用光标触摸标签（光标停留在标签上一段时间，不用单击），即可显示自动隐藏的面板；当光标离开该面板后，面板会自动缩回。如果希望面板停留在界面上而不缩回，可以单击相应标签；需要隐藏时再次单击标签，面板自动缩回。

（2）锁定显示方式：这种面板也称为标签式面板。界面左侧即为标签式面板，左下角为标签栏，标签式面板同时只能显示一个标签的内容，可单击标签栏的标签进行面板切换。

（3）浮动显示方式：这种面板也称为活动式面板。界面中央的即为活动式面板，可以用鼠标任意拖动该面板的标题栏，使其在主界面中随意停留。

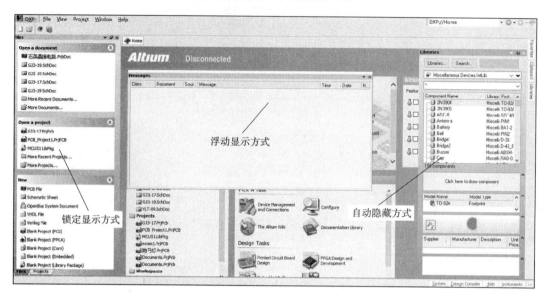

图1-5　各种面板显示方式

2. 各种显示方式之间的转换

（1）右击工作面板的上边框，将弹出面板命令标签，如图1-6所示。选中 Allow Dock | Vertically 选项，将光标放在面板的上边框，拖动光标至窗口左边或右边合适位置，松开鼠标，即可使所移动的面板自动隐藏或锁定。

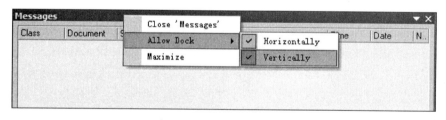

图1-6　面板命令标签

（2）要使所移动的面板为自动隐藏方式或锁定显示方式，可以选取面板边框上的 图标（锁定状态）和 图标（自动隐藏状态），然后单击，进行相互转换。

（3）要使工作面板由自动隐藏方式或者锁定显示方式转变到浮动显示方式，只需要用鼠标将工作面板向外拖动到屏幕中央即可。与此同时，屏幕中央还会出现 4 个方向按钮，如图1-7所示。若拖动面板使光标停留在 上，并释放鼠标左键，面板就会停留在界面左侧，成为锁定显示方式；若拖动面板使光标停留在 上，并释放鼠标左键，面板就会停留在界面右侧，成为自动隐藏方式；若是拖至 或者 上并释放左键，面板就会变成相应的上贴式或者下贴式浮动显示面板。

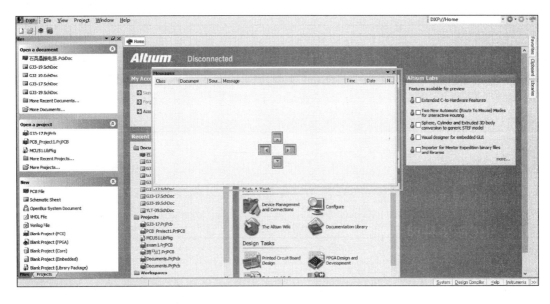

图 1-7　面板显示方式的转换

3. 面板控制栏

界面右下方有一个面板控制栏,如图 1-8 所示,控制栏上有 4 个选项按钮:System、Design Compiler、Help 和 Instruments。通过该控制栏,可以设置相应的面板是否在界面上显示。单击各选项按钮后弹出的菜单如表 1-1 所示,若希望显示相应面板,只需单击相应选项;再次单击,则会关闭已显示面板。控制栏最右侧的"≫"为控制栏显示控制按钮,单击此按钮,可以隐藏该控制栏。

图 1-8　面板控制栏

表 1-1　面板控制栏显示菜单项

按　钮　菜　单	选　　　项	对　应　面　板
System （系统面板开关按钮）	Clipboard	剪贴板面板
	Favorites	收藏夹面板
	Files	文件面板
	Libraries	元件库面板
	Messages	信息面板
	Output	输出面板
	Projects	项目面板
	Snippets	切片面板
	Storage Manager	存储管理器面板
	To-Do	执行面板

模块

1

设计基础

按钮菜单	选　项	对应面板
Design Compiler （设计编译器面板开关按钮）	Compile Errors	编译错误信息面板
	Compiled Object Debugger	编译对象调试器面板
	Differences	差异面板
	Navigator	导航面板
Help （帮助面板开关按钮）	Knowledge Center	知识中心面板
	Shortcuts	快捷键面板
Instruments （FPGA 设计仪表架面板开关按钮）	Instrument Rack-Hard Devices	硬件装置的仪表架面板
	Instrument Rack-Nanoboard Controllers	纳米板控制器的仪表架面板
	Instrument Rack-Soft Devices	软件装置的仪表架面板

1.4.2　窗口管理

当在 Altium Designer 中同时打开多个窗口时，可以将各个窗口按照不同方式在主界面中排列出来。对窗口的管理可以通过 Window 菜单，或者通过右击工作窗口的标签栏，通过弹出的快捷菜单进行设置，如图1-9所示。

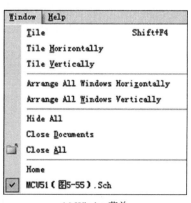

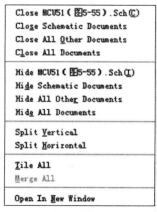

(a) Window菜单　　　　　　　　　　(b) 右键快捷菜单

图 1-9 窗口管理菜单项

（1）窗口平铺：选择 Window|Tile 命令，即可将当前所有打开的窗口在工作区平铺显示。

（2）垂直平铺显示：选择 Window|Tile Vertically 命令，即可将当前所有打开的窗口垂直平铺显示。

（3）水平平铺显示：选择 Window|Tile Horizontally 命令，即可将当前所有打开的窗口水平平铺显示。

（4）隐藏所有窗口：选择 Window|Hide All 命令，即可将当前所有打开的窗口隐藏。

（5）关闭文件：选择 Window|Close All 命令，即可将当前所有打开的窗口关闭；选择 Window|Close Documents 命令，关闭当前打开的文件。

（6）窗口的切换：要在多个文件之间进行窗口切换，只需单击工作窗口中的各个文件名。

（7）将一个窗口与其他窗口垂直分割显示：右击标题栏，选择 Split Vertical 命令即可，如图 1-9（b）所示。

（8）将一个窗口与其他窗口水平分割显示：右击标题栏，选择 Split Horizontal 命令即可，如图 1-9（b）所示。

（9）合并所有窗口：在如图 1-9（b）所示的菜单中选择 Merge All 命令，即可将所有窗口合并，只显示一个窗口。

（10）在新窗口中打开文件：在如图 1-9（b）所示的菜单中选择 Open In New Window 命令，程序会自动打开一个新的 Altium Designer 界面，并单独显示该文件。

1.4.3 本地化语言设置

在 Altium Designer 中，可以将软件设置为本地计算机中安装的语言文字，这里将文字转换为简体中文。

如图 1-10 所示，选择 DXP | Preferences（参数选择）命令，打开 Preferences 对话框，如图 1-11 所示。在 System | General 的 Localization（本地化）选项中选择 Use localized resources（使用本地化资源），这时会弹出提示对话框，提示用户需要重新启动 Altium Designer 程序，新的设置才能生效，单击 OK 按钮即可。然后，选择 Display localized dialogs，最后单击右下角的 OK 按钮即可。

在 Localization 区域中，如果选择 Display localized dialogs，表示将以本地计算机安装的文字显示打开的面板；若选择 Display localized hints only，则除主设计窗口为本地计算机安装的文字外，其他面板则是英文显示。

注意： 在中英文转换过程中，由于翻译工具的原因，使得一些专业词汇或操作动作表达不够准确，因此本书中基本采用英文版本的图例和说明。

图 1-10　DXP 系统设置

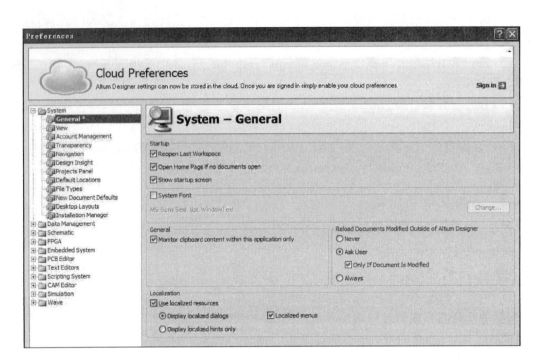

图 1-11　DXP 系统参数设置

1.5　文件管理系统

用过 Protel 99 SE 的人都知道，在 Protel 99 SE 中，整个电路设计项目是以数据库（. DDB 文件）的形式存储的，并不能单独打开或者编辑单个的 SCH 和 PCB 文件。而 Altium Designer 则采用了目前流行的软件工程中工程管理的方式组织文件，各电路设计文件单独存储，并生成相关的项目工程文件。它包含有指向各个设计文件的链接和必要的工程管理信息，所有文件置于同一个文件夹中，便于管理维护。常见的 Altium Designer 设计文件如表 1-2 所示。

表 1-2　常见的 Altium Designer 设计文件

文 件 类 型	扩 展 名
电路原理图文件	＊. SchDoc
PCB 文件	＊. PcbDoc
原理图元件库文件	＊. SchLib
PCB 元件库文件	＊. PcbLib
PCB 项目工程文件	＊. PrjPCB
FPGA 项目工程文件	＊. PrjFPG

Altium Designer 的 Project（项目）面板提供了两种文件：项目文件和设计时产生的自由

文件。设计时产生的文件可以放在"项目文件"中,也可以移出放入"自由文件"中。在文件存盘时,文件将以单个文件的形式存入,而不是以项目文件的形式整体存盘,称为存盘文件。下面简单介绍一下这3种文件类型。

1.5.1　项目文件

Altium Designer 支持项目级别的文件管理,在一个项目文件里包括设计中生成的一切文件。例如,要设计某个具体项目,可以将该项目的电路原理图文件、PCB 文件、设计中生成的各种报表文件及元件的集成库文件等放在一个项目文件中,这样非常便于文件管理。一个项目文件类似于 Windows 系统中的"文件夹",在项目文件中可以执行对文件的各种操作,如新建、打开、关闭、复制和删除等。

项目文件只负责管理,在保存文件时,项目中的各个文件是以单个文件的形式保存的。

1.5.2　自由文件

自由文件是指独立于项目文件之外的文件,Altium Designer 通常将这些文件存放在唯一的 Free Document(自由文档)文件夹中。自由文件有以下两个来源:

(1)当将某文件从项目文件夹中删除时,该文件并没有从 Project 面板中消失,而是出现在 Free Document 中,成为自由文件。

(2)打开 Altium Designer 的存盘文件时,该文件将出现在 Free Document 中而成为自由文件。

自由文件的存在方便了设计的进行,将文件从 Free Document 文件夹中删除时,文件将会被彻底删除。

1.5.3　存盘文件

存盘文件是将项目文件存盘时生成的文件。Altium Designer 保存文件时并不是将整个项目文件保存,而是单个保存,项目文件只起到管理作用。这样的保存方法有利于进行大型电路的设计。

1.6　Altium Designer 的启动与退出

启动 Altium Designer,一般有两种方法:

(1)单击任务栏上的"开始"按钮,选择"所有程序"|Altium|Altium Designer 命令,即可启动 Altium Designer,如图 1-12 所示。

(2)通过双击已有的设计文件,也可以间接启动 Altium Designer。

退出 Altium Designer,一般有 3 种方法:

(1)单击 Altium Designer 窗口标题栏上的 按钮。

(2)在窗口主菜单栏中选择 File|Exit 命令。

(3)右击标题栏,在弹出的快捷菜单中选择 close 命令。

退出时,软件会弹出如图 1-13 所示的确认对话框,提示用户保存文件及工程。

图 1-12　启动 Altium Designer

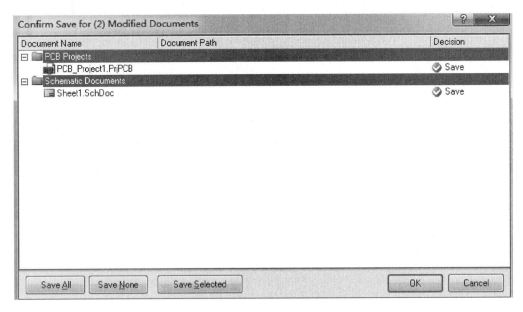

图 1-13　保存文件确认对话框

1.7　新建 Altium Designer 设计工程

在 Altium Designer 中，项目管理是以工程文件形式组织设计文件的。与 Protel 99 SE 采用单一的压缩 DDB 文件不同，Altium Designer 的工程由若干个设计文件组成，单个设计文件可以单独打开，并且可以从属于不同的工程项目。工程文件包含了指向组成该工程的各设计文件的信息，以及工程的整体信息。

当打开一个工程项目时,在工程面板中会以文件树的形式显示该工程的结构,包括组成该工程的设计文件和元件库信息等。

由于单个的设计文件中并不包括所属工程的信息,所以,当打开单个设计文档时,该文档以 Free Documents 的形式出现。

选择 File | New | Project | PCB Project 命令,新建一个空白的 PCB 工程文件。创建后,会在主界面的 Project 标签中显示出一个空的工程 PCB_Project1. PrjPCB,如图 1-14 所示。No Documents Added 表示这是一个空的工程。

选择 File | New | Schematic 命令,新建一个空白的原理图设计文件。如图 1-15 所示,直接将 Free Documents 中的原理图文件拖入工程中即可。若要将相关设计文件从工程中移除,只需将文件从工程中拖到下面的空白处即可。

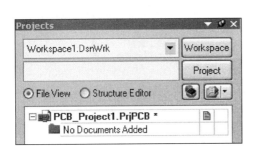

图 1-14　空的工程

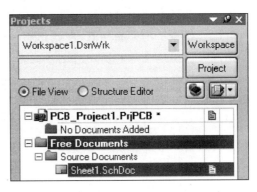

图 1-15　新建空白原理图设计文件

选择 File | New | PCB 命令,可以新建一个空白的 PCB 文件。

至此,一个全新的电子电路设计工程创建完毕,选择 File | Save Project 命令,将工程命名为＊＊＊. PrjPCB,并将工程中其他项目文件保存在同一个文件夹中。

问题思考与操作训练

1. 电路设计的基本流程是什么?

2. 绘制原理图与 PCB 有哪些基本步骤?

3. Altium Designer 中工作面板有哪几种显示方式?试着练一练,它们之间是怎样切换的。

4. 任选一种方法,启动和关闭 Altium Designer。

5. 新建工程、原理图、PCB 文件,分别命名为 MCU51. PrjPcb、MCU51. SchDoc、MCU51. PcbDoc,保存在 D 盘。

模块 1 设计基础

模块②

→ **电路原理图绘制**

 学习目标

- 熟悉电路原理图的编辑环境,并能够根据设计需求进行相关设置。
- 能够根据绘图需要加载/卸载相应的元件库。
- 能够熟练地在原理图中对元件及其他电路对象进行放置、选择、移动、复制、粘贴、删除等操作。
- 能够熟练地对原理图中的对象进行相关的属性设置。
- 能够对电路原理图进行电气规则检查,并通过错误报告定位错误信息;能够分析错误原因并修正错误。

在模块 1 中,我们对电路板设计的基本流程和开发环境 Altium Designer 已经有了大致的了解。下面将介绍基于 Altium Designer 的电路板设计过程。

2.1 认识原理图编辑器界面

启动 Altium Designer,打开 Files 面板,在 New 选项栏中选择 Project|PCB Project,则在 Project 面板中出现新建的项目文件,系统默认文件名为 PCB_Project1. PrjPCB。

右击项目文件 PCB_Project1. PrjPCB,在弹出的快捷菜单中选择 Save Project as 命令,在弹出的文件保存对话框中输入文件名 MCU51. PrjPCB,并保存到指定文件夹中。该项目中没有任何内容,可以根据设计的需要添加各种设计文档。

右击项目文件 MCU51. PrjPCB,在弹出的快捷菜单中选择 Add New to Project|Schematic 命令。在该项目文件中新建一个电路原理图文件,原理图编辑环境如图 2-1 所示。下面具体介绍一下各个工具栏与面板的功能及使用方法。

说明:软件中的图形符号与国家标准符号对照关系参见附录 B。

2.1.1 主菜单栏

Altium Designer 对于不同类型的文件进行操作时,主菜单栏的内容会发生相应的改变。在原理图编辑界面中,主菜单如图 2-2 所示。在设计过程中,对原理图的各种编辑操作都可以通过此菜单中相应的命令来完成。

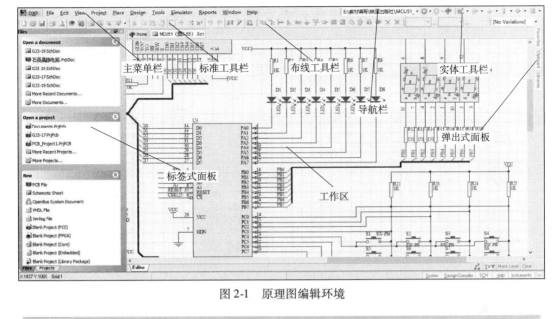

图 2-1　原理图编辑环境

图 2-2　原理图编辑器主菜单栏

（1）File（文件）菜单：主要用于文件的新建、打开、关闭、保存与打印等操作。

（2）Edit（编辑）菜单：用于对象的选取、复制、粘贴与查找等操作。

（3）View（视图）菜单：用于视图的各种管理,如工作窗口的放大和缩小,各种工具、面板、状态栏以及节点的显示与隐藏等。

（4）Project（项目）菜单：用于与项目有关的各种操作,如项目文件的打开与关闭、工程项目的编译及比较等。

（5）Place（放置）菜单：用于放置原理图中的各种组成部分。

（6）Design（设计）菜单：用于对元件库进行操作、生成网络报表等操作。

（7）Tools（工具）菜单：为原理图设计提供各种工具,如元件快速定位等操作。

（8）Simulator（仿真器）菜单：用于创建 VHDL 或 Verilog 仿真平台。

（9）Reports（报告）菜单：用于生成原理图中的各种报表。

（10）Window（窗口）菜单：可以对窗口进行各种操作。

（11）Help（帮助）菜单：帮助菜单。

2.1.2　工 具 栏

1. 标准工具栏（Schematic Standard）

标准工具栏（见图 2-3）提供新建、保存文件,视图调整,元件编辑和选择等功能。该工具栏可以通过选择 View|Toolbars|Schematic Standard 打开或关闭。表 2-1 介绍了标准工具栏中各个按钮的功能。将鼠标悬停在按钮上方,也能显示按钮功能。

图 2-3　原理图编辑器标准工具栏

表 2-1　标准工具栏中各按钮功能介绍

按　钮	功　能	按　钮	功　能
	新建文档		复制
	打开文档		粘贴
	保存文档		橡皮图章工具
	打印文档		选择区域内元件
	打印预览		移动选中元件
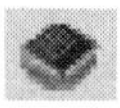	打开元件视图	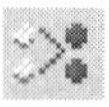	取消选中
	打开 PCB 视图		清空过滤器
	适合文档显示		撤销操作
	选择区域放大显示	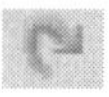	重新执行
	适合选择区域显示		层次原理图切换
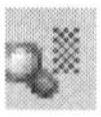	下画线	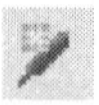	交叉探针到打开文件
	剪切		打开元件库浏览器

2. 布线工具栏（Wiring）

布线工具栏（见图 2-4）提供了电气布线时的常用工具，包括放置导线、总线、网络标号、层次图设计工具，以及和 C 语言的接口等快捷方式，在 Place 菜单中有与之相对应的命令。该工具栏可以通过选择 View | Toolbars | Wiring 命令打开或关闭。表 2-2 介绍了布线工具栏各个按钮的功能，将鼠标悬停在按钮上方，也能显示按钮功能。

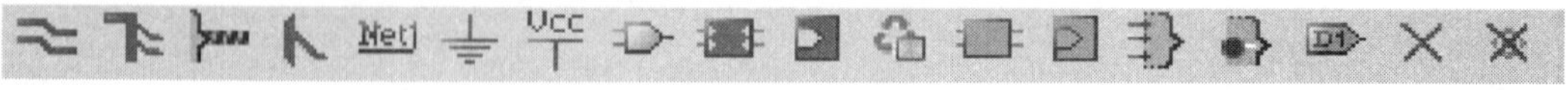

图 2-4　原理图编辑器布线工具栏

表 2-2　布线工具栏中各按钮功能介绍

按　钮	功　能	按　钮	功　能
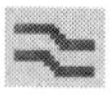	放置导线		放置电路框图进出点
	放置总线		放置元件图纸符号

按　钮	功　能	按　钮	功　能
	放置线束		放置 C 代码符号
	放置总线分支		放置 C 代码入口
Net	放置网络标号		放置线束连接器
	放置地		放置线束入口
Vcc	放置电源		放置输入/输出端口
	放置元件		放置 No ERC 标志（非特定的）
	放置电路框图		放置 No ERC 标志（指向特定错误的）

3. 实体工具栏（Utilities）

通过实体工具栏（见图 2-5）可以方便地放置常见的电器元件、电源和地网络，以及一些非电气图形，并可以对元件进行排列等操作。该工具栏可以通过选择 View | Toolbars | Utilities 命令打开或关闭。该工具栏的每一个按钮均包含一组命令，可以单击按钮查看并选择具体的命令。实体工具栏中各按钮的功能如表 2-3 所示。

图 2-5　原理图编辑器实体工具栏

表 2-3　实体工具栏中各按钮功能介绍

按　钮	功　能	按　钮	功　能
	绘图工具		元件放置工具
	排列工具		仿真工具
	电源工具		网格设置

2.2　原理图的图纸设置

原理图设计是电路设计的第一步，是制板、仿真等后续步骤的基础。因此，原理图正确与否，是关系到整个设计能否成功的关键。另外，为了方便自己和他人读图，原理图的清晰、美观和规范也是至关重要的。

在原理图绘制过程中，可以根据需要对图纸进行设置。虽然在进入原理图编辑环境时，Altium Designer 系统会自动给出相关的图纸默认参数，但是在大多数情况下，这些默认参数并不一定适合用户的需求，尤其是图纸尺寸。用户可以根据设计的复杂程度来对图纸尺寸及其他相关参数重新进行定义。这些参数一般在设计开始时进行设置，设置好了一直有效，不会轻易修改，直到下次设计有需要时才修改。

选择 Design|Document Options 命令，或者在原理图编辑窗口中右击，在弹出的快捷菜单中选择 Options|Document Options 命令，或按【D+O】快捷键，系统将弹出 Document Options 对话框，如图 2-6 所示。

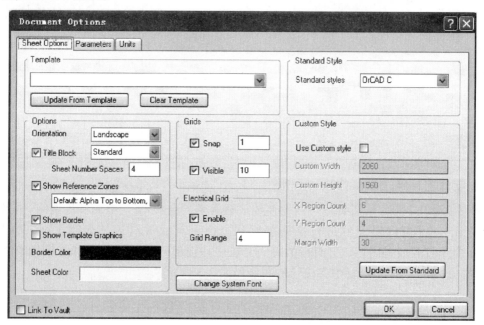

图 2-6   Document Options 对话框

该对话框中有 Sheet Options（原理图选项）、Parameters（参数）、Units（单位）3 个选项卡。

1. 设置图纸尺寸

Sheet Options 选项卡的右半部分为图纸尺寸设置区域。Altium Designer 给出两种图纸尺寸设置方式：

（1）Standard Style（标准样式）：其中包括公制图纸尺寸（A0～A4）、英制图纸尺寸（A～E）、CAD 标准尺寸（CAD A～CAD E）及其他格式（Letter、Legal、Tabloid 等）的尺寸。选定所需标准尺寸，单击 OK 按钮即可修改当前原理图图纸尺寸。单击对话框右下方的 Update From Standard 按钮，可以将标准图纸的具体尺寸更新到当前自定义区域中。

（2）Custom Style（自定义样式）：如果标准规格的图纸满足不了用户要求，则可以在 Custom Style 选项区域中进行自定义图纸大小的设置。选中 Use Custom Style 复选框，即可激活自定义功能。Custom Style 选项区域的各项设置意义如下：

● Custom Width：设置图纸的宽度。

● Custom Height：设置图纸的高度。

● X Region Count：设置 X 轴参考坐标的刻度。

● Y Region Count：设置 Y 轴参考坐标的刻度。

● Margin Width：设置图纸边框宽度。

用户在设计过程中，除了对图纸尺寸进行设置外，还可以根据需要对图纸的方向、标题栏样式和图纸的颜色等进行设置，这些设置可以在如图 2-6 所示对话框的左侧完成。

2. 设置图纸方向

图纸方向可以通过 Orientation（方向）下拉列表框设置，可以设置为 Landscape（水平方向，即横向），也可以设置为 Portrait（垂直方向，即纵向）。一般在绘制和显示时设置为横向，打印输出时可以根据需要设置为横向或纵向。

3. 设置图纸标题栏

图纸标题栏是对设计图纸的附加说明，可以在标题栏中对图纸进行简单的描述，也可以作为以后图纸标准化时的信息。Altium Designer 提供了两种预先定义好的标题栏格式，即 Standard（标准格式）和 ANSI（美国国家标准格式）。选中 Title Block 复选框，即可进行格式设计，相应的图纸编号功能被激活，可以对图纸进行编号。

4. 设置图纸栅格

进入原理图编辑界面，我们注意到图纸背景是网格形的，这种网格就是可视栅格，是可以改变的。在原理图绘制中，栅格是非常有用的，也是读者比较难以正确理解和区分的。栅格的存在为元件放置和线路的连接带来了极大的方便，使用户可以轻松地排列元件和整齐走线。Altium Designer 提供了 3 种栅格：Visible（可视栅格）、Snap（捕捉栅格）和 Electrical Grid（电气栅格）。

在图 2-6 中，可通过有 Grids 和 Electrical Grid 区域对栅格进行具体的设置。

（1）Snap（捕捉栅格）复选框：用来启用捕捉栅格。捕捉栅格就是光标每次移动的距离大小。选中这个复选框后，右边设置值即为光标每次移动的步长。若要使光标不"跳跃式"移动，而是连续移动，只要不选中复选框即可。

注意：初学者操作时会发现比较难以掌握，光标很难到达所要到达的位置。最好的办法是修改光标步长与可视栅格的关系，这样既可以掌控，又能比较精确到位。在没有特殊要求时，按照系统默认的设置，即 Snap 和 Visible 的值都为 10。

（2）Visible（可视栅格）复选框：用来启用可视栅格，即在图纸中看到的栅格。选中这个复选框后，右边设置值即为图纸上栅格间的距离；若不选中，则图纸中不显示栅格。根据系统默认设置，若 Visible 与 Snap 值相同，意味着光标"走一步"恰好一个栅格。

（3）Electrical Grid（电气栅格）：用来引导布线，这项设置非常有用，当用户进行画线操作或对元件进行电气连接时，此功能可以让用户轻松地捕捉到起始点或元件的引脚。

若选中 Enable 复选框，则在绘制连线时，系统会以光标所在位置为中心以 Grid Range（网格范围）中的设置值为半径，向四周搜索电气节点。若在搜索半径内有电气节点，则光标将自动移到该节点上，并在此节点上显示一个亮圆点。若不选中该复选框，则取消了系统自动寻找电气节点的功能。

2.3 原理图环境参数设置

在原理图绘制过程中，其效率和正确性往往与环境参数的设置有着十分密切的关系。

在 Altium Designer 中，原理图工作环境设置是由原理图 Preferences 对话框来设置的。选择 Tools|Schematic Preferences（原理图参数）命令，或者在编辑窗口内右击，在弹出的快捷菜单中选择 Option|Schematic Preferences 命令，打开原理图参数对话框，如图 2-7 所示。

该对话框中主要有 11 个选项，即 General（常规设置）、Graphical Editing（图形编辑）、Mouse Wheel Configuration（鼠标滚轮设置）、Complier（编译器）、AutoFocus（自动获得焦点）、Library AutoZoom（库扩充方式）、Grids（网格）、Break Wire（断开连线）、Default Units（默认单位）、Default Primitives（默认图元）、Orcad（tm）（Orcad 端口操作）。下面简单介绍一下与我们的设计相关的环境参数设置。

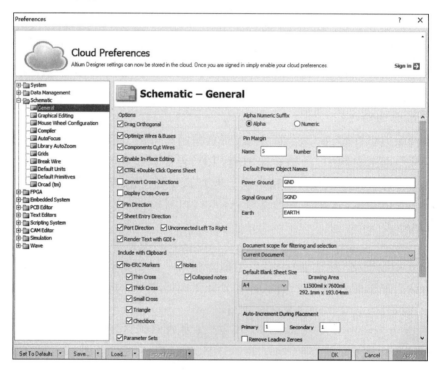

图 2-7　原理图参数对话框的 General 选项

1. Option 选项组

（1）Drag Orthogonal（直角拖动）复选框：选中后，在原理图拖动元件时，与元件相连接的导线只能保持直角；若不选中此复选框，则与元件相连接的导线可以呈现任意角度。

（2）Optimize Wire & Buses（优化导线和总线）复选框：选中后，在进行导线和总线的连接时，系统将自动选择最优路径，并可以避免各种电气连线和非电气连线的相互重叠，此时下面的 Components Cut Wires（元件切割导线）复选框也呈可选状态；若不选中此复选框，则用户可以自己选择连线路径。

（3）Components Cut Wires（元件切割导线）复选框：选中后，会启动元件切割导线功能，即当放置一个元件时，若元件的两个引脚同时落在一根导线上，则该导线将被切割成两段，两个端点自动分别和元件的两个引脚相连。

（4）Enable In-Place Editing（启用直接编辑）复选框：选中后，在选中原理图中文本对象时，如元件的序号、标注等，两次单击后可以直接进行编辑、修改，而不必打开相应的对话框。

（5）CTRL + Double Click Opens Sheet（按【Ctrl】键并双击打开原理图）复选框：选中后，按【Ctrl】键同时双击原理图文档图标即可打开原理图。

（6）Convert Cross-Junctions（节点连接）复选框：选中后，用户在画导线时，在相交的导线处自动连接并产生节点，同时终止本次画线操作；若不选中此复选框，则用户可以随意覆盖已经存在的连线，并可以继续进行画线操作。

（7）Display Cross-Overs（显示横跨状态）复选框：选中后，则非电气连接的交叉处会以半圆弧显示出横跨状态。

（8）Pin Direction（引脚说明）复选框：选中后，单击元件某一引脚时，会自动显示该引脚的编号及输入/输出特性等。

（9）Sheet Entry Direction（图纸入口说明）复选框：选中后，在顶层原理图的图纸符号中会根据子图中设置的端口属性显示时输出端口、输入端口或其他性质的端口。图纸符号中相互连接的端口部分则不跟随此项设置改变。

（10）Port Direction（端口说明）复选框：选中后，端口的样式会根据用户设置的端口属性显示是输出端口、输入端口或其他性质的端口。

（11）Unconnected Left To Right（左右不连接）复选框：选中后，由子图生成顶层原理图时，左右可以不进行物理连接。

2. Include with Clipboard 选项组

（1）No-ERC Markers（忽略 ERC 检查符号）复选框：选中后，则在复制、剪切到剪贴板或打印时，均包含图纸的忽略 ERC 检查符号。

（2）Parameter Sets（参数设置）复选框：选中后，则使用剪贴板进行复制操作或打印时，包含元件参数信息。

3. Auto-Increment During Placement（放置时的自动增量）选项组

（1）Primary（初始）文本框：用来设置在原理图上连续放置同一种元件时，元件标识序号的自动增量数，系统默认值为 1，也允许设置为负值。

（2）Secondary（第二）文本框：用来设置创建原理图符号时，引脚号的自动增量数，系统默认值为 1，也允许设置为负值。

4. Default Power Object Names（默认的电源对象名称）选项组

（1）Power Ground（电源地）文本框：用来设置电源地的网络标号，系统默认为 GND。

（2）Signal Ground（信号地）文本框：用来设置信号地的网络标号，系统默认为 SGND。

（3）Earth（接地）文本框：用来设置大地的网络标号，系统默认为 EARTH。

2.4 查找元件符号

2.4.1 加载/卸载元件库

元件是电路原理图的主体，调用元件时先要加载元件库。Altium Designer 的元件库非常庞大，但是分类明确，采用两级分类的方法来对元件进行管理。一级分类是以元件制造厂家的名称分类，二级分类在厂家分类下面又以元件种类（如电路、逻辑电路、微控制器、A/

D转换芯片等）进行分类。因此，调用相应的元件时只需找到相应公司的相应元件种类即可方便地找到所需元件。

将光标放置在工作区右侧的 Libraries 标签上，此时会自动弹出如图 2-8 所示的 Libraries 面板。

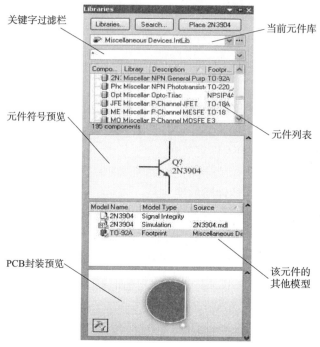

图 2-8　Libraries 面板

若工作区右侧没有 Libraries 面板，只需单击绘图区底部面板控制栏中的 System 菜单，选择其中的 Library 即可显示。

单击 Libraries 面板中的 Libraries 按钮，会出现如图 2-9 所示的 Available Libraries 对话框，Altium Designer 系统已经装入了两个默认的元件库：通用元件库（Miscellaneous Devices.IntLib）和通用接插件库（Miscellaneous Connectors. IntLib）。

图 2-9 所示的当前可用元件库对话框中有 3 个选项卡：Project 列出的是用户为当前项目自行创建的库文件，这里加载的元件库仅对本工程有效；Search Path 选项卡则是在指令路径中搜索元件库，在该选项卡中选择 Paths|Add 命令，在其中的 Path 框中填入搜索的地址，在 Filter 过滤器中填入搜索的文件类型，并单击 OK 按钮，即可在指定目录中搜索有效的元件库文件，搜索到的库文件将自动加载到系统中。Installed 选项卡中列出了当前所安装的元件库，在此可以对元件库进行管理操作，包括元件库的装载、卸载、激活，以及顺序的调整，这里加载的元件库对 Altium Designer 打开的所有工程均有效。

图 2-9 列出了元件库的名称、是否激活、所在路径，以及元件库的类型等信息。在选中相应的元件库后，可通过 Move Up 和 Move Down 按钮将元件库的顺序移上或移下；Install 按钮用来安装元件库；Remove 按钮则可卸载选定的元件库。

通常为了节省系统资源，针对特定的原理图设计，只需加载少数几个常用的元件库文件即可满足设计需求。但是，有时往往在现有的库中找不到自己所需的文件，这就需要自已另外加载元件库文件。

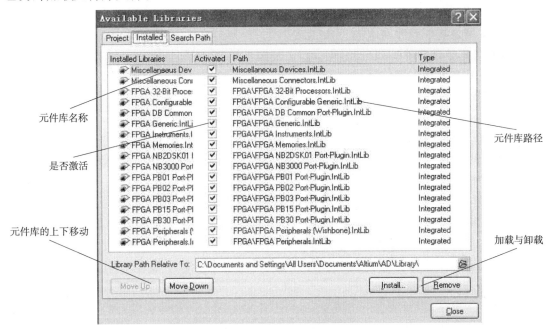

元件库名称

元件库路径

是否激活

元件库的上下移动

加载与卸载

图 2-9　Available Libraries 对话框

单击图 2-9 中的 Install 按钮,弹出如图 2-10 所示的打开元件库对话框。Altium Designer 的元件库全部都放置在 C:\Documents and Settings\All Users\Documents\Altium\AD\Library 文件夹中,并且以生产厂家的名称分类放置,用户可以很方便地找到自己所需的元件。选择确定的库文件夹,打开后选择相应文件,单击"打开"按钮,所选的库文件就会出现在如图 2-9 所示的可用元件库对话框中。

在如图 2-9 所示的可用元件库对话框中,选中一个库文件,单击 Remove 按钮,即可将该元件库卸载。

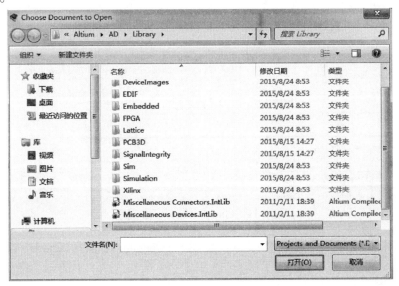

图 2-10　打开元件库对话框

2.4.2 查找元件

元件符号是某个元件在电路图中出现时的符号形状,主要属性有外形轮廓和引脚编号。其中,外形反映元件类型,如电阻、电容、集成电路等;引脚具有电气特性。在元件库中每个元件符号都有唯一的名称,一般是该元件名称的英文缩写,例如,常用的电阻称为RES,电容称为CAP,等等。

Altium Designer 提供的元件库资源十分丰富,有时候即使知道元件所在的库已经加载到系统中,也很难从众多元件中找到自己所需的元件,这时可以用到元件筛选功能。元件筛选功能主要应用于知道元件的名称并且已经载入该元件所在的库,由于元件太多不便于逐个查找的情况。

例如,要在 Altera Cyclone Ⅲ. IntLib 库中快速找到 LFE2-12E-5TN144C 这个芯片,只需在如图 2-8 所示的关键字过滤栏中填入" *5TN144C *",系统马上过滤出该库文件中所有带有"5TN144C"字样的元件。过滤关键字支持通配符"?"和" *","?"表示一个字符,而" *"表示任意多个字符。例如," *5TN144C *"表示只要元件中带有 5TN144C 字样就符合过滤条件。

在很多情况下,设计者并不知道使用的芯片的生成公司和分类,或者系统元件库中根本没有该元件的原理图模型,但可以寻找不同公司生产的类似元件来代替,这就需要在系统元件库中查找自己所需的元件。单击 Libraries 面板上面的 Search 按钮,弹出如图 2-11 所示的 Libraries Search(元件库搜索)对话框。

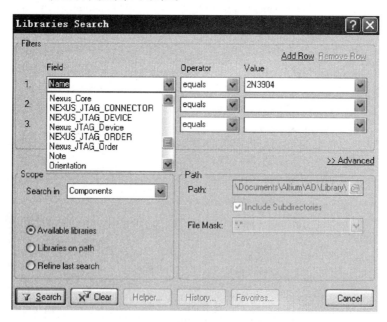

图 2-11 Libraries Search 对话框

其中,Field 下拉菜单中包含名称等各类属性;Operator 中包括 equals(等于)、contains(包含)、starts with(起始于)和 ends with(终止于)等关系;Value 中表示要查找的值;Scope表示搜索的范围;Search in 表示搜索的类型,是搜索 Components(元件)、Footprints(封装)、

3D Models(3D 模型)，还是 Database Components(数据库元件)。例如，要找 2N3904 这个元件，只需按图 2-11 进行设置，表示在当前可用元件库中查找名字等于 2N3904 的元件，然后单击 Search 按钮，得到如图 2-12 所示的查找结果。

通过查找方式找到的元件符号，只需单击图 2-12 右上角的 Place 2N3904 按钮，即可放置在原理图编辑器中。

对于初学者来说，因为不知道想要的元件在哪个库中，往往找不到元件，这是绘图新手在工作中的一大困惑。只有通过多操作、多请教、多积累，在平时有意识地多去浏览这些库，才能很快跨过这段不适应期。另外，在绘图时，不一定要找到每个元件，有时只要符号、引脚功能一致，就可以互相借用。同一类元件，不必拘泥型号是否一模一样，这一点是初学者一定要灵活掌握的。

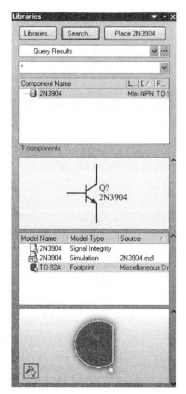

图 2-12　查找元件 2N3904 的结果

在系统自动加载的元件库中，已经包含了许多常用元件。对于特殊元件，将在下一模块重点介绍制作元件符号的方法。

2.5　元件符号及其他对象的放置和编辑

在原理图编辑器中，加载完所需的原理图库文件并从中调出相应的元件之后，首先应按照功能模块及连接关系将各个元件摆放到合适的位置，再认真调整好间距。这一步非常重要，良好的布局能够使原理图整洁、美观、可读性强。然后，就可以用画电路图的工具来绘制电路原理图。

2.5.1 用布线工具栏绘制原理图

在2.1.2节已经简单认识了布线工具栏中的各种画电路图的工具，下面着重介绍一下这些工具的使用方法。

选择主菜单中的 View|Toolbars|Wiring 命令，即可调出 Altium Designer 提供的画电路图工具栏（见图2-4）。该工具栏中各个工具的具体功能见表2-2，包括 Place Wire（放置导线）、Place Bus（放置总线）、Place Signal Hardness（放置线束）、Place Bus Entry（放置总线分支）、Place Net Label（放置网络标号）、Place Part（放置元件）、VCC Power Port（放置电源）、GND Power Port（放置地）、Place Sheet Symbol（放置电路框图）、Place Port（放置电路图进出点）和 No ERC（放置忽略 ERC 测试点）等。这些工具大多可以在 Place 下拉菜单中找到相应的命令，如图2-13所示。

图2-13　Place 菜单中的画电路图工具

1. 画导线

布线工具栏中的导线是具有电气连接意义的重要电气元件，而实体工具栏中的画线没有电气连接意义。

启动画导线命令的3种常用方法：

（1）右击，在弹出的快捷菜单中选择 Place|Wire 命令。

（2）单击布线工具栏中的画导线按钮。

（3）选择主菜单中的 Place|Wire 命令。

画导线的方法：

（1）启动画导线命令后，光标变为十字形。

（2）移动光标到导线起点，单击，移动光标到导线终点或下一个折点，再次单击即可完成。

（3）若要绘制不连续的导线，可以在绘制完一条导线后右击。

（4）移动光标到新导线的起点，再按上述操作绘制另一条导线。

（5）导线画完后，连击右键两次，系统退出画导线状态。

设置导线属性对话框：在放置导线状态下按【Tab】键，或双击放置完成的导线，都可进入 Wire 对话框，设置导线属性。

2. 画总线

总线是多条并行导线的集合，比一般的导线要粗，它本身没有实际的电气连接意义，必须由总线接出的各个导线上的网络名称来完成电气意义上的连接。

启动画总线命令的两种常用方法：

（1）单击布线工具栏中的画总线按钮。

（2）选择主菜单中的 Place|Bus 命令。

画总线的方法和画导线的方法完全一致。

3. 画总线分支

总线进出点是单一导线进出总线的端点,没有电气连接意义,只是让电路图看上去更专业。

启动画总线分支命令的两种常用方法:

(1)单击布线工具栏中的画总线分支按钮。

(2)选择主菜单中的 Place|Bus Entry 命令。

画总线分支的方法:单击鼠标左键放置。

4. 放置网络标号 Net

网络标号具有实际的电气连接意义,网络标号相同的导线,在电路中视为同一条导线。使用网络标号可以简化电路图,使电路更整洁、明确。

启动放置网络标号命令的两种常用方法:

(1)单击画电路图工具栏中的放置网络标号图标 Net 。

(2)选择主菜单中的 Place|Net Label 命令。

放置网络标号的方法:单击鼠标左键放置。

设置网络标号属性对话框:在放置网络标号状态下按【Tab】键,或双击放置完成的网络标号,都可进入 Net Label 对话框,设置网络标号属性。

5. 放置电源和接地符号 Vcc

电源和接地符号放置方法是一样的,Altium Designer 通过网络标号区分电源和接地符号电源的网络标号为 VCC,地的网络标号为 GND。启动放置电源和接地符号命令的两种常用方法:

(1)单击布线工具栏中的放置电源 Vcc 和接地符号 按钮。

(2)选择主菜单中的 Place|Power Port 命令。

放置电源和接地符号的方法:单击鼠标左键放置。

设置电源和接地符号属性对话框:在放置电源和接地符号状态下按【Tab】键,或双击放置完成的电源、接地符号,都可进入 Power Port 对话框,设置电源及接地属性。

6. 放置元件

放置元件的 3 种常用方法:

(1)选择主菜单中的 Place|Parts 命令。

(2)单击布线工具栏中的放置元件按钮。

(3)单击 Libraries 面板中的 Place 按钮或在 Libraries 中双击所要放置的元件。

设置元件属性对话框:在放置元件状态下按【Tab】键,或双击放置完成的元件,都可进入设置元件属性对话框。

7. 放置电路框图

电路框图是层次式电路设计不可缺少的组件,代表一个实际的电路图。

启动画电路框图命令的两种常用方法:

模块 2 电路原理图绘制

（1）单击布线工具栏中的画电路框图按钮 ▨ 。

（2）选择主菜单中的 Place|Sheet Symbol 命令。

画电路框图的方法：

（1）启动画电路框图命令后，光标变为十字形。

（2）单击确定方块图符号对角线的第一个点。

（3）移动鼠标拖出一个矩形符号到合适大小后，再次单击确认。

（4）可以继续放置框图符号或者右击结束放置状态。

设置电路框图属性对话框：在放置框图符号状态下按【Tab】键，或双击放置完成的框图，都可进入 Sheet Symbol 对话框，设置电路框图属性。

8. 放置电路框图进出点 ▨

电路框图的进出点相当于电路框图（复杂器件）的输入/输出引脚，如果框图中没有进出点，则框图就没有任何意义。

启动放置电路框图进出点命令的两种常用方法：

（1）单击布线工具栏中的画电路框图的图标 ▨ 。

（2）选择主菜单中的 Place|Add Sheet Entry 命令。

放置电路框图进出点的方法：

（1）启动画电路框图进出点命令后，光标变为十字形并附带一个进出点符号，此时该符号呈暗灰色。

（2）待光标移动至框图符号之内后，进出点符号会自动黏附在框图符号的四壁，选择合适位置，单击鼠标左键固定框图进出点符号。

（3）可以继续放置框图进出点符号或者右击结束放置状态。

设置电路框图进出点属性对话框：在放置框图进出点符号状态下按【Tab】键，或双击放置完成的进出点符号，都可进入 Sheet Entry 对话框，设置电路框图进出点属性。

9. 放置输入/输出端口 ▨

在设计电路图时，可以通过实际导线连接一个网络与另一个网络；也可以通过放置相同网络标号连接两个网络；还可以放置相同名称的输入/输出端口实现两个网络的连接。不同的是，端口通常用于表示电路的输入/输出，是层次式电路设计不可缺少的组件。在层次原理图设计过程中，与电路进出点相对应的就是输入/输出端口，电路进出点只是框图与外部电路的接口，框图要与其对应的电路原理图产生联系就必须通过端口。

启动放置输入/输出端口命令的两种常用方法：

（1）单击布线工具栏中的放置端口的图标 ▨ 。

（2）选择主菜单中的 Place|Port 命令。

放置输入/输出端口的方法：

（1）启动放置输入/输出端口命令后，光标变为十字形并黏附了一个端口符号，移到合适位置后单击确认端口的一个端点。

（2）然后拖动鼠标改变端口的长度，再次单击就能完成端口的绘制。

设置端口属性对话框：在放置端口状态下按【Tab】键，或双击放置完成的端口，都可进入 Port Properties 对话框,设置端口属性,包括对齐方式、样式、名称、I/O 类型等属性。

10. 放置忽略 ERC 测试点

放置 No ERC 的主要目的是忽略对某点的电气规则检查。如果不放置忽略 ERC 测试点,那么该点处系统会加上一个错误标志。

有了上面的基础就可以绘制电路图,但为了更快捷地绘制电路图,还要掌握电路图的编辑方法。

2.5.2　电路原理图的编辑

1. 元件的选取

方法:最简单、最常用的元件选取方法是直接在图纸上拖出一个矩形框,框内元件就能被全部选中。

选取工具:在主工具栏中有区域选取、取消选取和移动被选元件 3 个选取工具。

菜单中与选取有关的命令,如图 2-14 所示。

(1)Inside Area:区域选取命令,用于选取区域内的元件,等同于主工具栏中的区域选择工具。

(2)Outside Area:区域外选取命令,用于选取区域外的元件,与 Inside Area 命令正好相反。

(3)All:选取所有元件,用于选取图纸内的所有元件。

选取元件后,用 来移动被选取元件。

菜单中与取消有关的命令,如图 2-15 所示,处于选取状态的元件可以将其恢复成未选取状态。

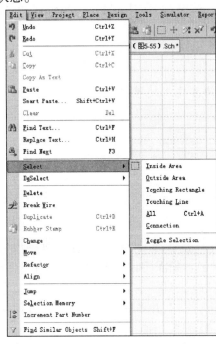

图 2-14　菜单中与选取有关的命令

图 2-15　菜单中与取消有关的命令

（1）Inside Area：表示区域取消选取命令，用于取消区域内元件的选取状态。

（2）Outside Area：区域外取消命令，用于取消区域外元件的选取状态，与 Inside Area 命令正好相反。

（3）All：取消所有元件的选取状态。

2．元件的剪切

Altium Designer 的"剪贴"操作是通过操作系统的剪贴板来实现资源共享的。"剪贴"命令集中在菜单 Edit 中。

3．元件的删除

在菜单 Edit 中有 Clear 和 Delete 两个删除命令。另外，用快捷键【Delete】也能删除元件。

此外，还可以按【E＋D】组合键，再逐一选取要删除的元件。

4．元件的移动

选择 Edit|Move 命令可实现元件移动。

5．元件的排列和对齐

在启动元件的排列和对齐命令之前，首先需要选择需要排列和对齐的元件。选择 Edit|Align 命令可实现元件的排列和对齐。菜单中提供了左对齐、右对齐、顶端对齐、底端对齐、水平中心对齐等多种对齐方式。

6．元件的转动

用鼠标拖动某一需要转动的元件，在拖动状态下，按键盘上的空格键，每按一次，元件在图纸平面内逆时针旋转 90°。

用鼠标拖动某一需要转动的元件，在拖动状态下，按键盘上的【X】键，每按一次，元件以 y 轴为对称轴，翻转一次。

用鼠标拖动某一需要转动的元件，在拖动状态下，按键盘上的【Y】键，每按一次，元件件以 x 轴为对称轴，翻转一次。

注意：快捷键的应用仅适用于英文输入法状态，若系统正处于中文输入法状态，则快捷键不生效。

2.6 电气连线

所有元件放置完毕后，就可以进行电路图中各对象间的连线（Wiring）。连线的主要目的是按照电路设计的要求建立网络的实际连通性。

要进行操作，可单击电路绘制工具栏中的 按钮，或选择 Place|Wire 命令将编辑状态切换到连线模式，此时鼠标指针由空心箭头变为大十字。只需将鼠标指针指向欲拉连线的元件端点，单击，就会出现一条随鼠标指针移动的预拉线，当鼠标指针移动到连线的转弯点时，单击就可定位一次转弯。当拖动预拉线到元件的引脚上并单击鼠标左键，或者在任何时候双击鼠标左键，就会终止该次连线。若想将编辑状态切换回待命模式，可右击或按【Esc】键。

注意:连线必须从元件引脚的端点开始,到另外一个引脚端点结束,千万不能连在引脚的其他位置。

若因操作失误,需要对连线进行更改或删除,可以进行以下操作:

(1)移动导线:选中该条导线,按住鼠标左键可将该线拖动到其他位置,但线的长度不发生改变。

(2)删除导线:导线的删除方法与元件的删除方法完全一样。选中导线,导线变灰后,按键盘上的【Delete】键,即可删除该条导线。也可按【E+D】组合键,再用鼠标逐一选取要删除的导线。

(3)拉伸导线:一条导线如果太长或太短,可以对其进行拉伸操作。先单击目标导线,变灰后,再单击其中一端,然后移动鼠标即可进行拉伸。

在连线过程中,若遇到导线呈"T字交叉"或"十字交叉"经过元件的引脚时,系统会自动生成节点,如图2-16所示。若普通两条导线"十字交叉",则不会生成节点,如图2-17左图所示。此时,如果需要将其导通,则必须手动放置节点,选择 Place | Manual Junction,单击要连接的地方,即可实现手动放置节点,如图2-17右图所示。

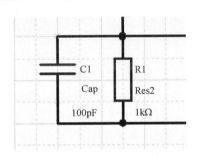

图2-16 自动生成节点

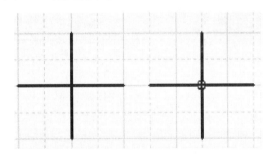

图2-17 手动放置节点

在实际绘图过程中,图纸在电气连接正确,标注规范前提下,力求匀称、美观,而不必苛求走线的完全一致。

2.7 编译与查错

电路原理图设计完毕后需要进行检查,Altium Designer 用编译功能代替了原来版本中的 ERC(电气规则检查),同时还提供了在线电气规则检查功能,即在绘制原理图过程中提示设计者可能出现的错误。

2.7.1 设置错误报告

在编译工程前首先要对电气检查规则进行设置,以确定系统对各种违反规则的情况做出何种反应,以及编译完成后系统输出的报告类型。

选择 Project | Project Options 命令,弹出如图2-18所示的工程选项设置对话框,在此可以对 Error Reporting(错误报告)、Connection Matrix(连接矩阵),以及 Default Prints(默认输出)等常见的项目进行设置。

系统默认打开的是错误报告设置选项卡,这里提供了几大类电气规则检查方法:总线

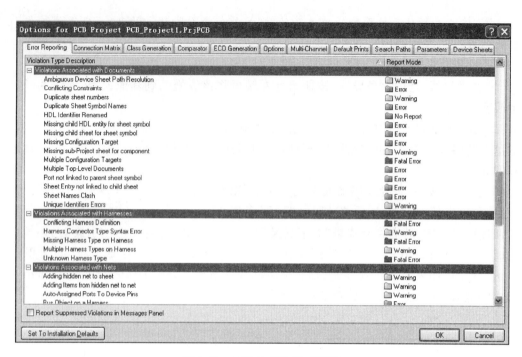

图 2-18 工程选项设置对话框

相关的电气规则检查、代码符号相关的电气规则检查、元件相关的电气规则检查、配置相关的电气规则检查、文件相关的电气规则检查、线束相关的电气规则检查、网络相关的电气规则检查、其他电气规则检查，以及参数相关的电气规则检查。

可以对每一类电气规则中的某个规则的报告类型进行设置，在需要修改的电气规则上右击，弹出规则设置选项菜单。这样就可以对部分或者所有违反规则的情况设置为警告、严重警告或者错误。

也可以单击某条电气检查规则右侧的 Report Mode 区域，弹出报告类型设置下拉菜单，其中绿色为不产生错误报告，黄色为警告，橙黄色为错误提示，红色为严重错误提示。

2.7.2　连接矩阵设置

连接矩阵用来设置不同类型的引脚、输入/输出端口间电气连接时系统给出的错误报告种类。在 Project Options（工程选项设置）对话框中单击 Connection Matrix 标签进入连接矩阵设置选项卡，如图 2-19 所示。

各种引脚以及输入/输出端口间的连接关系用一个矩阵表示，在矩阵中可设置引脚及端口，即图纸入口之间连接和不连接的规则。在矩阵中应包括所有可能的情况，从而确定检查标准。

矩阵采用的是纵横交叉汇合的方式。例如，设置电源引脚（Power Pin）与输出引脚（Output Pin）相连的情况时，可在右边的竖列中找到 Power Pin 行，然后在上边的横列中找到 Output Pin 列。在其交叉点上，红色表示会产生严重错误提示；绿色表示不产生错误报告；黄色表示警告提示；橘黄色表示错误提示。若要改变不同端口连接的错误提示等级，只需用单击相应的小方块，颜色就会在红色、绿色、黄色和橘黄色之间切换。

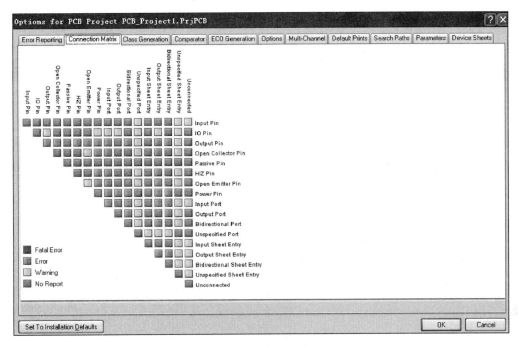

图 2-19　连接矩阵设置

2.7.3　编译工程

电气规则编辑完成后,就可以对原理图或工程进行编译,若选择 Project | Compile PCB Project ＊＊＊.PrjPCB,可对整个工程中所有文件进行编译;若选择 Project | Compile Document ＊＊＊.Sch,仅对选中的原理图文件进行编译。

编译完毕后,若电路原理存在错误,系统将会在 Messages 面板中提示相关的错误信息,如图 2-20 所示。Messages 面板中分别列出了编译错误所在的原理图文件、出错原因,以及错误的等级。

图 2-20　编译错误信息提示

若要查看错误的详细信息可在 Messages 面板中双击错误提示,弹出如图 2-21 所示的 Compile Errors 编译错误面板,同时界面将跳转到原理图出错处,产生错误的元件或连线呈高亮显示,便于设计者修正错误。

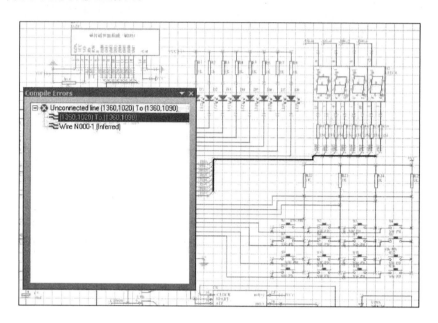

图 2-21　编译错误的详细信息

2.7.4　核对和排查错误

产生错误的原因很多,主要有以下几个方面:

(1)绘图错误:例如,连线与引脚重叠,用几何连线代替了电气连接线,文字标注和网络标号相混淆,连线的端点与元件引脚没有严格地互相连接,连线或总线的终点不是终止在元件的引脚而是元件的其他部位等。

(2)语法错误:例如,网络标号拼写错误,出现非法字符及总线标号的格式错误等。

(3)元件错误:所用的元件不正确。

(4)引脚方向不正确:使引脚的连线端点在元件的内侧而不是外侧,元件引脚的输入/输出类型不正确等。

(5)设计错误:例如,两个输出引脚连接在一起,不同网络标号的网络连接在一起,以及电源与输出引脚连接在一起等。

排除错误时,要从错误标记处开始查找,如果错误原因不在标记处,可沿着网络连线查找,甚至进入子图查找,以找到错误的来龙去脉。对于浮空的输入引脚错误,往往是由原理图开路引起的。虽然错误标记显示在输入引脚处,实际上开路可能出现在输出引脚和浮空引脚之间的任何位置,需要沿网络查找。对于过多的总线错误报告,可能是总线本身错误,包括拼写、标号或连接错误等。

2.8 生成各种报表文件

为方便原理图的设计、查看，以及在不同电路设计软件之间的兼容，Altium Designer 提供了强大的报表生成功能，能够方便地生成网络表、元件清单，以及工程结构等报表。通过这些报表，设计者可以清晰地了解到整个工程的详细信息。

2.8.1 生成网络表

网络表是原理图设计软件与印制电路设计软件之间的桥梁，是电路板自动布线的灵魂。网络表的获取可以直接从电路原理图生成，也可以从已布线的印制电路板中获得。网络表可以支持电路的模拟及印制电路板的自动布线，也可以与印制电路板图中获得的网络表进行比较，进行核对查错。

在电路设计过程中，电路原理图是以网络表的形式在 PCB 及仿真电路之间传递电路信息的。在 Altium Designer 中，并不需要手动生成网络表，因为系统会自动生成网络表在各编辑环境中传递电路信息。但是，当要在不同电路设计辅助软件之间传递数据时就需要首先生成原理图的网络表。

Altium Designer 可以为整个设计工程或者单张原理图生成网络表。选择 Design|Netlist for Project 命令生成工程网络表，选择 Netlist for Document 命令生成单张原理图网络表，二者提供的类型相同。Altium Designer 提供了丰富的不同格式的网络表，可以在不同的设计软件之间进行交互设计，如图 2-22 所示。

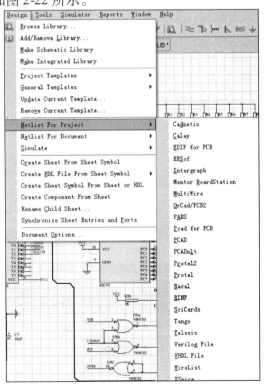

图 2-22　Altium Designer 的各种类型网络表

网络表包括元件定义和网络定义两部分。每一个元件的定义部分都是以"["开始，以"]"结束。"["的下一行是元件序号的定义，取自元件的 Designator；元件的下一行为元件的封装定义，在进行 PCB 布线时所加载的元件封装就是根据这部分信息来加载的，而元件封装名取自原理图中元件的 Footprint 栏。

每一个网络的定义部分都以"("开始，以")"结束。"("的下一行为网络名称或编号的定义，它的定义取自电路图中的某个网络名称或者是某个输入/输出点名称；接下来的每一行代表一个网络连接的引脚。

2.8.2 生成元件清单

元件清单也称元件列表或元件报表，即电路原理图中所有元件的详细信息列表，主要用于记录一个电路或一个项目中的所有零件，其中主要包括零件的名称、标注和封装等内容。选择 Report|Bill of Materials 命令，弹出如图 2-23 所示的工程元件清单对话框。

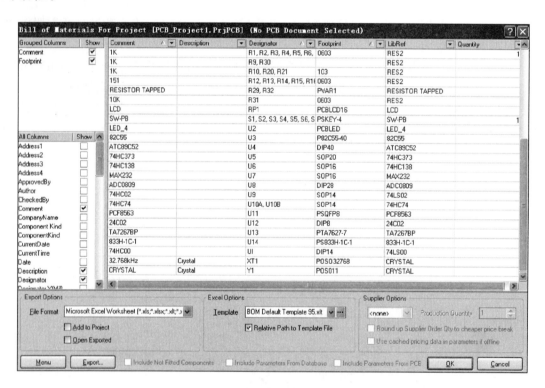

图 2-23　工程元件清单对话框

也可以生成简单元件清单。选择 Report|Simple BOM 命令，系统会生成两个不同格式的简单元件清单（见图 2-24、图 2-25），并在 Project 面板的工程目录中生成一个 Generated 文件夹，其中就有生成的元件清单。

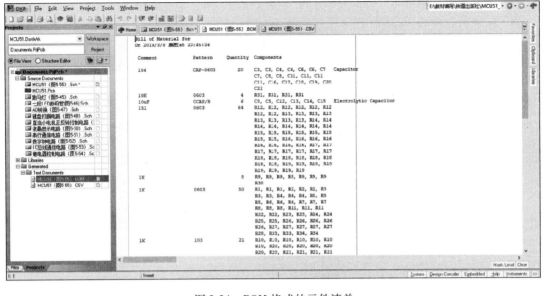

图 2-24　BOM 格式的元件清单

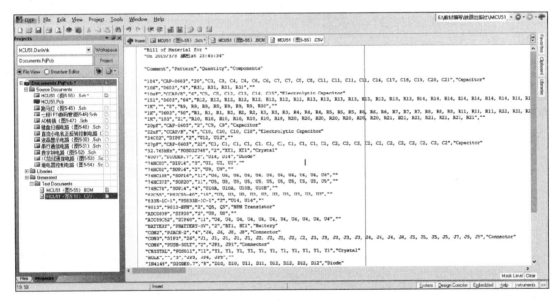

图 2-25　CSV 格式的元件清单

问题思考与操作训练

1. 怎样进行原理图环境下的图纸设置？新建一个原理图文件，并在该文件中进行以下设置[使用英制单位 mil（1 mil ＝0.025 4 mm）]：设置图纸大小为 1 150 mm×760 mm；设置捕捉栅格为 5，可视栅格为 10，电气栅格为 3 mil。

2. 怎样加载所需的元件库，怎样卸载元件库？

3. 在绘制原理图时，怎样选中元件？有几种方法？怎样撤销选中？

4. 在绘制原理图时，怎样删除元件？有几种方法？

5. 在绘制原理图时，怎样调整元件的位置和方向？要注意些什么？

6. 完成如图 2-26 所示的电路原理图，并将绘制的"单管放大器.SchDoc"文件保存到 U 盘中。

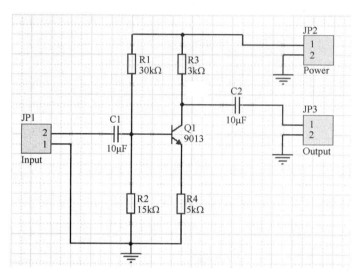

图 2-26　单管放大器电路

7. 完成如图 2-27 所示的电路原理图，并将绘制的"甲乙类功率放大器.SchDoc"文件保存到 U 盘中。

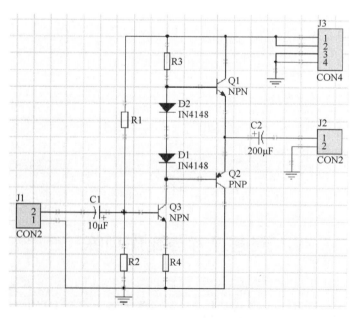

图 2-27　甲乙类功率放大器电路

8. 完成如图 2-28 所示的电路原理图，并将绘制的"两级阻容耦合放大器.SchDoc"文件保存到 U 盘中。

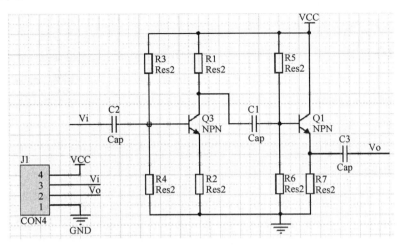

图 2-28　两级阻容耦合放大器电路

9. 对以上各原理图进行电气规则检查, 要求编译之后没有错误信息。

模块③

→ 元件库操作

 学习目标

- 熟悉原理图库文件和 PCB 封装库编辑环境的界面和基本操作。
- 会浏览集成库,了解不同类型的元器件属性及参数。
- 能够利用多种方法创建新的元件库及元件,包括原理图元件符号与 PCB 封装。
- 能够创建集成库,编译集成库工程。

虽然 Altium Designer 提供了十分丰富的元件库资源,但是在实际的电路设计中,由于电子元器件的不断更新,有些特定的元件封装仍然需要自行制作。另外,根据项目的需要,建立基于项目的元件库,有利于在以后的设计中更加方便、快速地调入元件。

3.1 元件库介绍

3.1.1 元件库的文件格式

Altium Designer 支持以下几种元件库文件格式:

(1)Integrated Libraries(*.IntLib):集成元件库。

(2)Schematic Libraries(*.SchLib):原理图元件库。

(3)Database Libraries(*.DBLib):数据库。

(4)SVN Database Libraries(*.SVNDBLib):SVN 数据库。

(5)Protel Footprint Library(*.PcbLib):PCB 封装库。

(6)PCB3D Model Library(*.PCB3DLib):PCB3D 模型库。

此外,还有其他格式,例如,(*.VHDLLib)为 VHDL 语言宏元件库,(*.Lib)为 Protel 99 SE 以前版本的元件库。Altium Designer 元件库格式向下兼容,可以使用 Protel 以前版本的元件库。

3.1.2 元件库操作的基本步骤

元件库操作有以下几个基本步骤:

(1)新建元件库文件:包括原理图元件库和 PCB 封装库。

(2)添加新的原理图库元件:在原理图元件库中添加新元件。

(3)绘制原理图库元件:包括几何图形的绘制和引脚属性编辑。

(4)原理图库元件属性编辑:编辑元件的整体属性。

(5)绘制元件的 PCB 封装:即绘制原理图库元件所对应的 PCB 封装。

(6)元件检查与报表生成:检查所绘制的元件,并生成相应的报表。

(7)生成集成库:将原理图库和 PCB 封装库编译生成集成元件库。

3.2　创建原理图元件库

3.2.1　新建与打开原理图元件库文件

选择 File | New | Schematic Library 命令,系统生成一个原理图库文件,默认名称为 Schlib1. lib,同时启动原理图库文件编辑器,如图 3-1 所示。

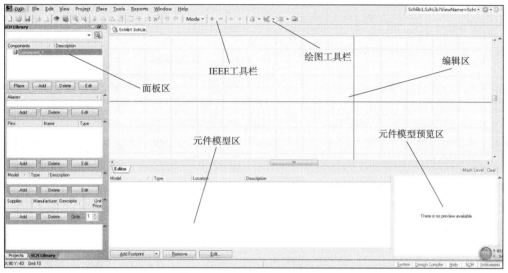

图 3-1　原理图库文件编辑界面

也可以通过打开现有的集成库文件来打开元件库:

(1)选择 File|Open 命令,弹出打开文件对话框,如图 3-2 所示。选择要打开的集成库文件名,单击"打开"按钮,弹出释放或安装对话框,如图 3-3 所示。

(2)单击 Install Library 按钮,安装集成库,完成后可在 Libraries 面板中找到该库文件。

(3)单击 Extract Sources 按钮,释放集成库,将集成库分解为原理图库文件和封装库文件,双击释放后的原理图库文件即可打开原理图库文件编辑器(见图 3-1)。

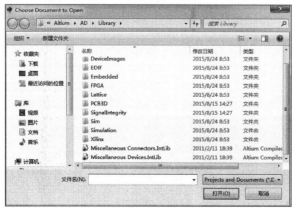

图 3-2　打开文件对话框

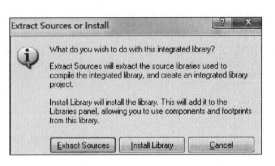

图 3-3　释放或安装对话框

3.2.2　认识原理图元件库编辑器界面

原理图元件库的编辑器环境如图 3-1 所示，整个界面分为编辑区、元件模型区、元件模型预览区以及面板区，另外还有十分重要的绘图工具栏和 IEEE 工具栏。

编辑区是用来绘制原理图库元件的工作区域。元件模型区是用来显示当前正在绘制的元件的模型信息，包括 PCB 封装、信号完整性分析模型、VHDL 模型等；Add 按钮可以为当前元件添加其他模型，Delete 按钮可以删除选定模型，Edit 按钮可以编辑选定模型的属性。元件模型预览区可以看到当前选定的元件模型的封装样式。

下面详细介绍一下面板区和两个工具栏。

1. 面板区

面板区中的 SCH Library 面板在元件库的编辑过程中非常重要，如图 3-4 所示。

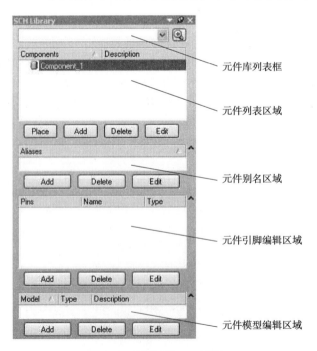

图 3-4　SCH Librarys 面板

SCH Library 面板是原理图元件库编辑环境中的主面板,几乎包含了库文件的所有信息,用于对库文件进行编辑管理,如图 3-4 所示,整个面板可分为元件列表框、元件别名列表框、元件引脚列表框和元件模型列表框。

(1)元件(Component)列表框:列出了当前所打开的原理图库文件中所有的库元件,包括符号名称及相应的描述等。Place(放置)按钮,用于将选定的库元件放置到当前的原理图文件中;Add(添加)按钮,用于在库文件中添加一个库元件;Delete(删除)按钮,用于删除选定元件;Edit(编辑)按钮,用于编辑选定元件的属性。

(2)元件别名(Aliases)列表框:可以为同一个原理图库元件设置别名。因为很多时候,不同厂家的元件型号虽然不一致,但元件的功能、封装以及引脚形式完全相同,这时就没有必要再单独创建新的原理图元件符号,只需为已经创建的库元件添加上一个或者多个别名即可。Add(添加)按钮,用于为选定元件添加一个别名;Delete(删除)按钮,用于删除选定的别名;Edit(编辑)按钮,用于编辑选定的别名。

(3)元件引脚(Pins)列表框:若在元件(Component)列表框中选定某一元件,则在元件引脚列表框中就会列出该元件所有的引脚信息,包括引脚的编号、名称、类型等。Add(添加)按钮,用于为选定元件添加一个引脚;Delete(删除)按钮,用于删除选定的引脚;Edit(编辑)按钮,用于编辑选定引脚的属性。

(4)元件模型(Model)列表框:若在元件(Component)列表框中选定某一元件,则在元件模型(Model)列表框中就会列出该元件的其他模型信息,包括 PCB 封装、信号完整性分析模型、VHDL 模型等。因为当前库文件是原理图库,所以该列表框一般不需要设置。Add(添加)按钮,用于为选定元件添加其他模型;Delete(删除)按钮,用于删除选定的模型;Edit(编辑)按钮,用于编辑选定模型的属性。

2. 绘图工具栏

元件库编辑器中的绘图工具栏如图 3-5 所示,通过主工具栏中的 ![icon] 按钮或选择 View|Toolbars|Utilities 命令可以打开或关闭这个工具栏。

绘图工具栏中的按钮功能与 Place 菜单下的各命令相对应。其对应关系和具体功能如表 3-1 所示。

图 3-5 绘图工具栏

表 3-1 绘图工具栏中各种按钮功能

按 钮	对 应 命 令	功 能
/	Place|Line	绘制直线
∏	Place|Bezier	绘制曲线
⌒	Place|Elliptical Arc	绘制椭圆弧线
⊠	Place|Polygon	绘制多边形
A	Place|Text String	放置文字
▦	Tools|New Component	插入新元件
⊅	Tools|New Part	在当前元件内添加新部件

续表

按　钮	对应命令	功　能
▢	Place|Rectangle	绘制直角矩形
▢	Place|Round Rectangle	绘制圆角矩形
⬭	Place|Ellipse	绘制椭圆及圆
🖼	Place|Graphic	插入图片
🅰	Place|Text Frame	放置文本框
1	Place|Pins	放置引脚

3. IEEE 工具栏

IEEE 工具栏如图 3-6 所示，用它来放置 IEEE 标准的电气符号，通过主工具栏中的 🔘 按钮或选择 Place\|IEEE Symbols 命令可以打开或关闭这个工具栏。

IEEE 工具栏中的按钮功能与 Place\|IEEE Symbols 子菜单下的各命令相对应。其对应关系和具体功能如表 3-2 所示。

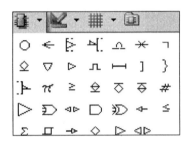

图 3-6　IEEE 工具栏

表 3-2　IEEE 工具栏中各种按钮的功能

按　钮	对应 Place|IEEE Symbols 下的命令	功　能
○	Dot	放置低态触发符号
⇐	Right Left Signal Flaw	放置左向信号
▷	Clock	放置上升沿触发时钟脉冲
⊣	Active Low Input	放置低态触发输入符号
⌓	Analog Signal In	放置模拟信号输入符号
✳	Not Logic Connection	放置无逻辑性连接符号
⌐	Postponed Output	放置具有暂缓性输出符号
◇	Open Collector	放置具有集电极开路的输出符号
▽	Hiz	放置高阻抗状态符号
▷	High Current	放置高输出电流符号
⊓	Pulse	放置脉冲符号
⊢⊣	Delay	放置延时符号
]	Group Line	放置多条 I/O 线组合符号
}	Group Binary	放置二进制组合的符号

按　　钮	对应 Place|IEEE Symbols 下的命令	功　　能
⊥⊦	Active Low Output	放置低态触发输出符号
π	Pi Symbol	放置 π 符号
≥	Greater Equal	放置大于等于号
⊖	Open Collector Pull Up	放置具有提高阻抗的集电极开路的输出符号
◇	Open Emitter	放置发射极开路的输出符号
⊖	Open Emitter Pull Up	放置具有电阻接地的发射极开路的输出符号
#	Digital Signal In	放置数字输入符号
▷	Inverter	放置反相器符号
Ⅺ	Or Gate	放置或门
◁▷	Input Output	放置双向信号
▷	And Gate	放置与门
Ⅺ	Xor Gate	放置异或门
◁⊦	Shift Left	放置数据左移符号
≤	Less Equal	放置小于等于号
Σ	Sigma	放置 Σ 符号
⊓	Schmitt	放置有施密特触发特性的符号
⊦▷	Shift Right	放置数据右移符号
◇	Open Output	放置开路输出
▷	Left Right Signal Flow	放置左右信号流
◁▷	Bidirectional Signal Flow	放置双向信号流

3.2.3　创建新的原理图库元件

在电路设计中,有一些元件系统库中不存在,只能通过新建元件来解决。创建新的原理图库元件有两种方法:一种方法是利用画图工具栏和 IEEE 符号工具栏直接在设计窗口绘制;另一种方法是从现有的元件库中选择一个相似零件,复制到设计窗口,再对其进行编辑。对于方块形结构、外形比较规则的集成元件可以采用第一种方法直接绘制,也可以查找相似元件编辑;而对于那些形状极不规则的分立元件,如电阻、电容、晶体管、二极管等,采用第二种方法创建是比较好的选择。

1. 直接绘制

下面以创建单片机 STC89C52（见图 3-7）为例，说明用直接绘制的方法制作新元件的具体步骤。

（1）进入原理图元件库编辑窗口，选择 View | Zoom In 命令，或单击主工具栏中的 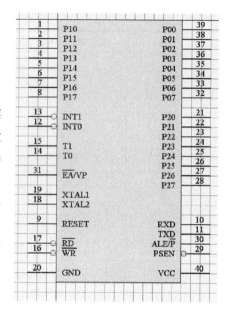 按钮，或按键盘上的【Page Up】键放大绘图页到适当大小。一般把元件放在第四象限，象限的交点就是元件的基准点。

（2）为了使光标在绘制过程中能够更加灵活地定位，需要重新设置捕捉栅格参数。选择 Tools | Document Options 命令，弹出 Library Editor Workspace（库编辑器环境属性）对话框，如图 3-8 所示。在 Grids 栏中选中 Snap（捕捉栅格）和 Visible（可视栅格）复选框，并将 Snap 项设为 5，Visible 项设为 10，这样可以使光标位于可视栅格的中间位置，单击 OK 按钮确认。

图 3-7　单片机 STC89C52

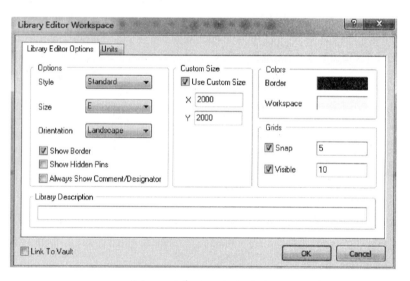

图 3-8　设置捕捉栅格参数

（3）选择 Tools | New Component 命令，弹出 New Component Name（元件命名）对话框，在此对话框中将新建元件命名为 STC89C52，单击 OK 按钮确认，如图 3-9 所示。

（4）选择 Place | Rectangle 命令，或单击绘图工具栏中的 ■ 按钮，放置一个矩形框将鼠标十字移到坐标原点（x = 0，y = 0）处，单击，矩形左上角被定位在坐标原点，移动鼠标指针往右下拖出一个矩形，如图 3-10 所示。

（5）放置引脚。选择 Place | Pins 命令，或单击绘图工具栏中的 ┵ 按钮，此时光标上附带顶端有一小黑点的浮动引脚，单击即可将引脚放置在选定位置，依次放置所有引脚。

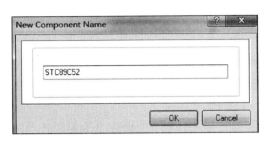
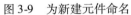

图 3-9　为新建元件命名

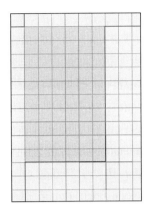

图 3-10　放置矩形框

注意：引脚是有方向性的，光标所在端是表示引脚与内部电路的连接端，它应放在矩形边缘，而带黑点的一端是表示引脚与外部电路连接的一端，在元件符号中，这个端点必须悬空，否则，这个元件符号有错，不能用。

引脚在浮动状态，且输入法在英文方式下，每按一次空格键，引脚就逆时针旋转90°；按一次【X】键或【Y】键，引脚就会在水平方向或垂直方向翻转一次。

引脚在放置状态下，按【Tab】键或双击已被放置的引脚都可以打开引脚属性对话框，如图 3-11 所示。

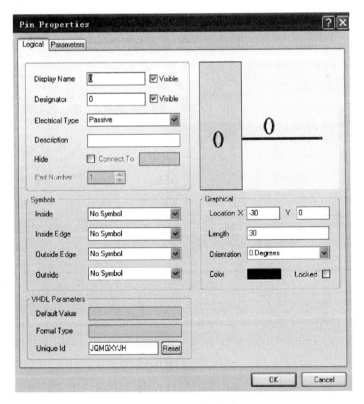

图 3-11　引脚属性对话框

引脚属性各项含义如下：

- Display Name：引脚名称。当需要在引脚的名称上放置上画线，表示该引脚低电平有效时，可在引脚名称每个字符之后插入"\"，如 W\R\等。
- Designator：引脚序号。
- Location X：引脚基准点的 X 方向坐标。
- Location Y：引脚基准点的 Y 方向坐标。
- Orientation：引脚放置的方位。
- Color：选择引脚颜色。
- Outside Edge|Dot：若选用此项，会添加一个小圆圈，表示这个引脚低电平有效，即负逻辑标志。
- Inside Edge|Clock：若选用此项，会出现一个时钟标志。
- Electrical Type：引脚电气特性。
- Hide：隐藏引脚选项。
- Display Name|Visible：引脚名称显示/隐藏选项。
- Designator|Visible：引脚序号显示/隐藏选项。
- Length：引脚长度。
- Locked：锁定元件。

（6）重命名与保存。选择 Tools|Rename Component 命令，可打开如图 3-12 所示的元件重命名对话框，输入新的元件名称，单击 OK 按钮并保存。

2. 编辑相似元件

下面以如图 3-13 所示的实例来说明这个过程。

图 3-12 元件重命名对话框

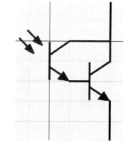

图 3-13　编辑相似元件实例

（1）浏览元件库面板中的 Miscellaneous Devices. IntLib（常用元件集成库），发现其中的 NPN 1 与要制作的元件十分接近，如图 3-14 所示。

（2）按照 3.2.1 中所讲述的方法释放 Miscellaneous Devices. IntLib，进入释放后的 Miscellaneous Devices. SchLib 并显示 NPN 1，如图 3-15 所示。

（3）选中 NPN 1，并选择 Edit|Copy 将其复制到用户建立的库文件中。

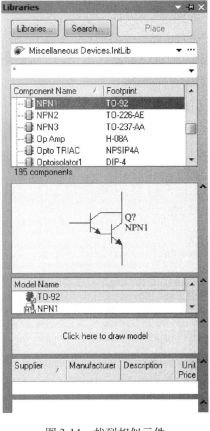

图 3-14　找到相似元件

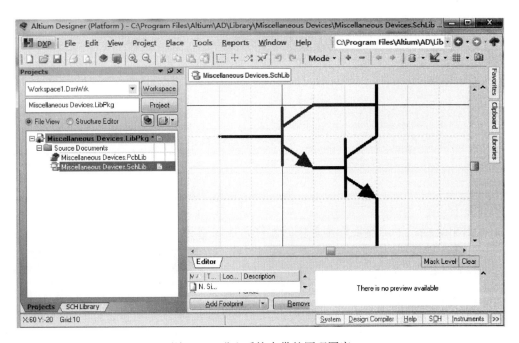

图 3-15　进入系统自带的原理图库

注意:执行复制命令后,光标变为十字形,此时需用鼠标左键在零件的合适位置单击,以确定零件的参考点。

（4）在用户建立的库文件中,选择 Edit|Paste 命令,粘贴 NPN 1。然后,根据实际需要对元件进行编辑。删掉多余部分后,如图 3-16 所示。

（5）利用相同的方法,可以从其他器件中再复制出两个表示发光的小箭头,结果就可以得到如图 3-13 所示的样例。

（6）对新元件进行命名,然后保存到当前库文件中。

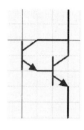

图 3-16　编辑后的 NPN1

3.2.4　元件属性编辑

创建完新元件,可以通过元件属性设置对话框来完成元件的属性设置,下面以 STC89C52 为例,介绍元件属性设置。

选择 Tools|Components Properties 命令或在 SCH Library 面板中选中新建的 STC89C52,单击 Edit 按钮,打开库元件属性对话框,如图 3-17 所示。

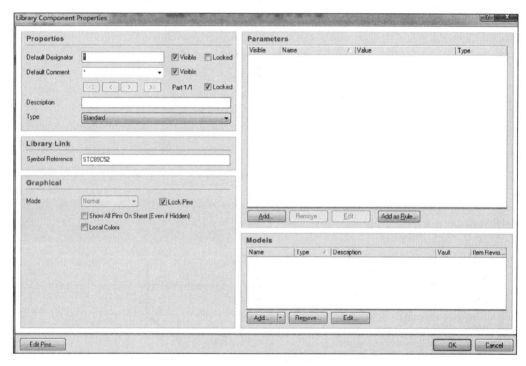

图 3-17　库元件属性设置对话框

下面简单介绍一下该对话框中常用的元件属性设置。

（1）Default Designator 默认标号:设置该元件时系统给元件的默认标号,在这里设置为"U?",并选中 Visible,使之可见。

（2）Default Comment 注释:设置元件的相关注释信息,但不会影响元件的电气性能,这里将芯片名称注释信息设置为 STC89C52。

（3）Type 类型:设置元件的种类,可以设置为标准、机械、图形等,这里设置为标准 Standard。

（4）Symbol Reference 符号引用：设置为 STC89C52。

（5）Graphical 图形区域，设置元件的默认图形属性。

- Mode 模式：设置为普通模式 Normal 即可。

- Lock Pins 锁定引脚：将元件引脚锁定在元件符号上，使其不能在原理图编辑环境中被修改。

- Show All Pins On Sheet（Even if Hidden）图纸上显示所有引脚（即使隐藏）：通常不选此项，隐藏的引脚就不会显示。

（6）Parameters 参数设置区域：设置元件的默认参数，单击下面的 Add 按钮，弹出如图 3-18 所示的参数设置对话框，可以设置元件的各种参数，如元件的名称、取值等，但因这些参数均不具有电气意义，因此可以不予理会。

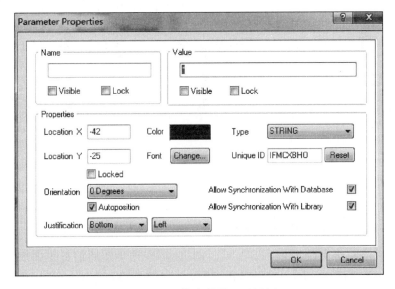

图 3-18　元件参数设置对话框

（7）Models 模型设置：此区域设置元件的默认模型，元件模型是电路图与其他电路软件连接的关键，此区域可以设置 Footprints（PCB 封装）模型、Simulation（电路仿真）模型、PCB 3D（PCB 3D 仿真）模型和 Signal Integrity（信号完整性分析）模型，如图 3-19 所示。单击下方的 Add 按钮添加各种模型，单击 Remove 按钮删除已有的模型，或单击 Edit 编辑现有的模型。

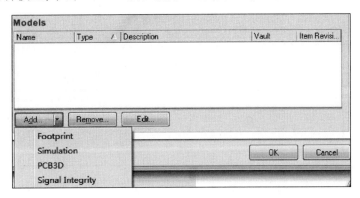

图 3-19　元件模型设置

在元件模型中放置引脚时，对元件引脚属性的编辑显得十分麻烦，除此之外还有更为简单的方法。单击如图3-17所示的元件属性设置对话框左下角的 Edit Pins 按钮，弹出如图3-20所示的元件引脚编辑器，这里列出了元件所有引脚的各项属性，可以对这些属性进行编辑，或者增加、删除引脚，十分方便。

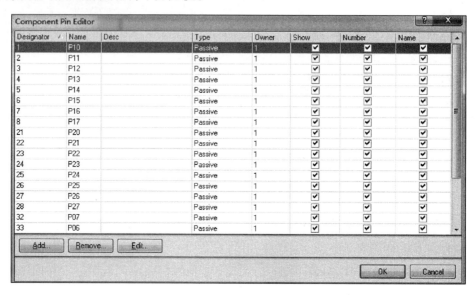

图3-20　元件引脚编辑器

3.2.5　创建含有子部件的原理图库元件

对于很多数字集成电路来说，其内部往往是由结构完全相同的各单元组成。图3-21所示为数字集成电路74HC00的内部结构图，可以看到74HC00是由4个完全相同的二输入与非门组成的，采用14引脚的 DIP 封装形式，7脚是接地脚，14脚为电源 VCC。与非门电路经常用来实现组合逻辑运算，因此74HC00在电路设计中较为常用。

在绘制原理图时，可以用到哪个单元就使用这个单元对应的原理图符号，而各个单元对应的原理图符号称为该元件的子部件，用字母 A、B、C 等进行区分，如 Part A 表示第一个单元。

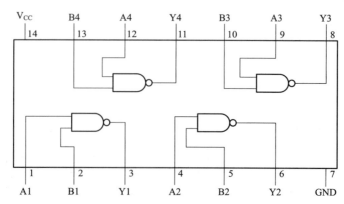

图3-21　14引脚 DIP 封装的74HC00内部结构图

1. 绘制元件的第一个子部件

（1）在原理图库文件中，选择 Tools|New Component 命令，弹出 New Component Name 对话框，在此对话框中将新建元件命名为 74HC00，单击 OK 按钮确认。

（2）单击主工具栏上的 按钮或选择 Place|IEEE Symbols 命令打开 IEEE 工具栏，选择放置与门符号，如图 3-22 所示。

（3）放置引脚。选择 Place|Pins 命令，或单击绘图工具栏中的 按钮，依次放置 3 个引脚。双击 3 号引脚，在如图 3-23 所示的引脚属性对话框中，选择 Symbols|Outside Edge|Dot，将 3 号引脚设置为取非。

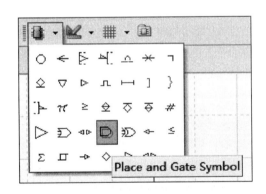

图 3-22　选择与门符号

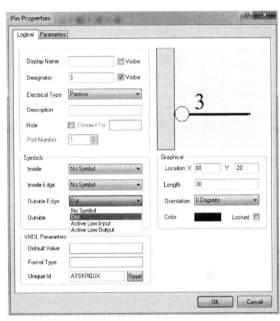

图 3-23　在引脚属性对话框中设置 3 号引脚

（4）放置电源引脚。在原理图中，为了使电源和接地引脚自动和原理图中的电源网络 VCC、接地网络 GND 相连，还必须设置引脚的网络属性。在绘制 14 号引脚时，可以在如图 3-24 所示的引脚属性对话框中，将电气特性 Electrical Type 设为 Power。再选中 Hide 复选框，在 Connect To 后输入 VCC，单击 OK 按钮即可。同理，对于 7 号引脚 GND 也可以这样设置，只是在 Connect To 后输入 GND。

（5）至此，74HC00 的第一个子部件绘制完毕，隐藏了电源、接地引脚的 Part A 效果如图 3-25 所示。

2. 绘制其他部件

因为 74HC00 是由 4 个完全相同的与非门构成的元件，因此在绘制其他部件时，只需将第一个部件复制、粘贴，再修改一下引脚号码即可。

（1）如图 3-26 所示，单击绘图工具栏中的 按钮，或选择 Tools|New Part 命令，在当前元件内添加新部件。执行该命令后，在 SCH Library 面板上库元件 74HC00 的名称前面多了一个 ⊞ 符号，单击 ⊞ 符号打开，可以看到该元件中有两个子部件，刚刚绘制的第一个子部件

已经被命名为 Part A，还有一个 Part B 是新创建的。继续执行添加命令，添加 Part C、Part D，如图 3-27 所示。

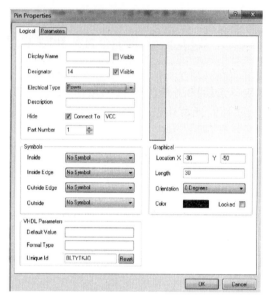

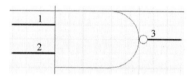

图 3-24　在引脚属性对话框中设置电源引脚 　　　　图 3-25　隐藏了电源、接地引脚的 Part A

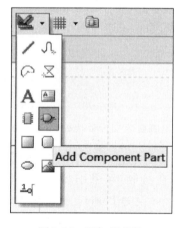

图 3-26　添加新部件

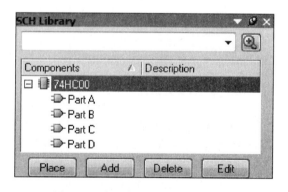

图 3-27　在元件中生成四个子部件

（2）将 Part A 中第一个子部件图形选中、复制、粘贴到 Part B 界面，并按照图 3-21 所示引脚逻辑关系修改引脚号码。图 3-28 所示为第二个子部件 Part B。

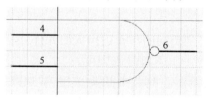

图 3-28　Part B

（3）按上述方法，即可完成 Part C、Part D 的绘制，如图 3-29、图 3-30 所示。

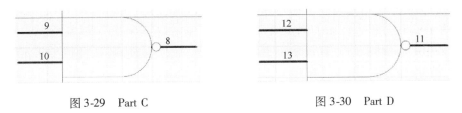

图 3-29　Part C　　　　　　　　　图 3-30　Part D

至此，74HC00 的 4 个子部件全部绘制完毕。使用同样的方法，可以创建含有多于两个子部件的原理图库元件。

3.3　创建 PCB 元件封装库

Altium Designer 提供了很多 PCB 封装库供用户调用，但随着电子工业的飞速发展，新型元件的封装形式层出不穷，元件的 PCB 封装库总显得不够用。因此，一名电子工程师必须学会自己设计元件封装。本节将介绍创建 PCB 元件封装库的方法。

3.3.1　封装概述

所谓芯片封装就是指半导体集成电路芯片的外壳，它能起到安放、固定、密封、保护芯片和增强电热性能的作用。

元件的 PCB 封装实际上就是元件的实际外形在 PCB 上的投影，通常表现为一组焊盘、丝印层上的轮廓线及说明文字。其中，焊盘是封装中最重要的组成部分，用于连接元件的引脚，并通过 PCB 上的导线连接其他元件的焊盘，完成电路功能。焊盘的形状、尺寸和排列是封装的关键组成部分，确保这些正确，才能正确地建立封装。另外，对于安装有特殊要求的封装，轮廓线的尺寸和形状也要准确。

通常，按照元件所采用的安装技术的不同，可分为插针式封装技术（Through Hole Technology，THT）和表面粘贴式封装技术（Surface Mounted Technology，SMT）。

元件封装大致可分为以下几类：

（1）BGA（Ball Grid Array）：球栅阵列封装。按照材料和尺寸的不同还可细分为陶瓷球栅阵列封装 CBGA、小型球栅阵列封装 μBGA 等。

（2）PGA（Pin Grid Array）：插针网格阵列封装。采用这种封装技术的芯片内外有多个方阵形插针，每个方阵形插针沿芯片的四周间隔一定距离排列，根据引脚数目的多少，可以围成 2～5 圈。安装时，将芯片插入专门的 PGA 插座。一般用于插拔操作比较频繁的场合，如计算机 CPU 等。

（3）QFP（Quad Flat Package）：方形扁平封装，是当前使用较多的一种芯片封装形式。

（4）PLCC（Plastic Leaded Chip Carrier）：有引线的塑料芯片载体。

（5）DIP（Dual In-line Package）：双列直插封装。

（6）SIP（Single In-line Package）：单列直插封装。

（7）SOP（Small Out-line Package）：小外形封装。

（8）SOJ（Small Out-line J-Leaded Package）：J 形引脚小外形封装。

模块

3

元件库操作

（9）CSP（Chip Scale Package）：芯片级封装，比较新的封装形式，多用于内存条中。在这种封装方式中，芯片是通过一个个锡球焊接在 PCB 上，由于焊点和 PCB 的接触面积较大，所以内存芯片在运行过程中产生的热量就可以很容易地传导到 PCB 上散发出去。另外，CSP 封装芯片采用中心引脚形式，有效缩短了信号传导距离，使其衰减随之减少，从而使得芯片的抗干扰、抗噪性能也能得到大幅提升。

（10）Flip-Chip：倒装焊芯片，也称为覆晶式组装技术，是一种将 IC 与基板相互连接的先进封装技术。由于成本与制造的因素，使用 Flip-Chip 接合的产品通常根据 I/O 数多少分为两种形式，即低 I/O 数的 FCOB（Flip Chip On Board）封装和高 I/O 数的 FCIP（Flip Chip in Package）封装。该技术应用范围主要包括计算机、PCMCIA 卡、军事设备、个人通信产品、钟表及液晶显示器等。

（11）COB（Chip On Board）：板上芯片封装，即芯片被绑定在 PCB 上，这是目前比较流行的一种生产方式。其生产成本比 SMT 低，并且还可以减小模块体积。

3.3.2 打开与新建 PCB 封装库文件

用户可以通过打开 PCB 封装库文件或者新建 PCB 封装库文件来启动 PCB 封装设计系统。

1. 打开一个 PCB 库文件

选择 File | Open 命令，进入选择打开文件对话框，选择要打开的库文件名，如 C：\Program Files\Altium AD 10\Library\Miscellaneous Devices. IntLib。单击"打开"按钮，弹出如图 3-3 所示的释放或安装对话框。若单击 Install Library 按钮，则安装集成库，完成后可在 Libraries 面板中找到该库文件；若单击 Extract Sources 按钮，则释放集成库，将集成库分解为原理图库文件和封装库文件，双击释放后的封装库文件即可打开 PCB 封装库文件编辑器，界面如图 3-31 所示。

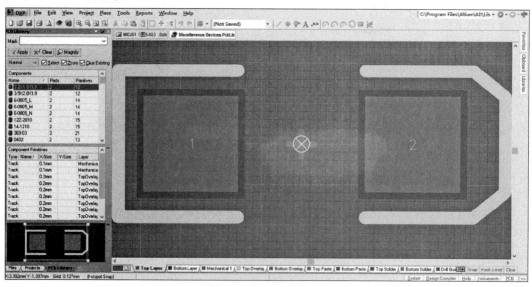

图 3-31　打开现有的 PCB 封装库界面

2. 创建一个新的 PCB 库文件

选择 File|New|Library|PCB Library 命令,系统将新建一个 PCB 封装库,将其命名为 MCU51. PcbLib,如图 3-32 所示。

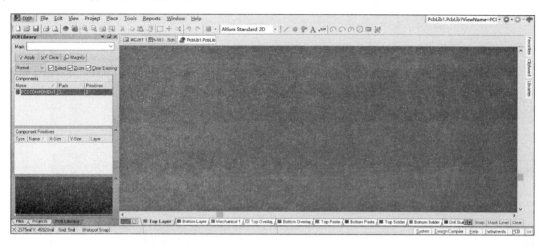

图 3-32　新建的 PCB 封装库文件

3.3.3　熟悉 PCB 封装库编辑器界面

PCB 封装库编辑器界面与原理图库文件的界面大同小异,提供的功能菜单也类似。

PCB 封 装 编 辑 器 同 样 提 供 了 一 个 PCB Library 面板来实现元件 PCB 封装的各种编辑制作,如图 3-33 所示。整个面板可分为屏蔽查询栏、封装列表框、封装图元明细框、封装预览框等 4 个部分。元件封装列表框(Component)列出了该库文件中所有符合屏蔽查询栏中设置条件的元件封装名称,并注明其焊盘数、图元数等基本属性。单击封装列表中的元件封装名,封装图元明细框中将显示该封装的具体图元信息,包括图元类型、名称、X 轴方向上的尺寸、Y 轴方向上的尺寸、所处的板层等。同时,在封装预览框中可以看到被选中封装的样式。

主菜单上如图 3-34 所示的 Tools 菜单中提供了 PCB 库文件编辑器所使用的工具,包括新建元件封装向导、元件浏览、元件放置、属性设置等。图 3-35 所示的 Place 菜单中提供了创建一个新元件封装时所需的焊盘、轮廓线、文字、弧线等必要的图元。

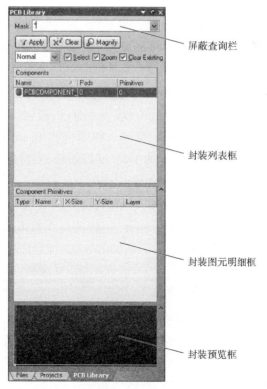

屏蔽查询栏

封装列表框

封装图元明细框

封装预览框

图 3-33　PCB Library 面板

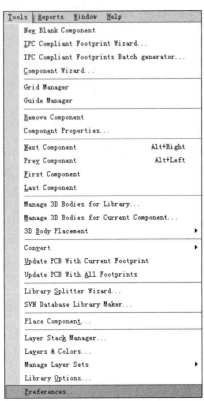

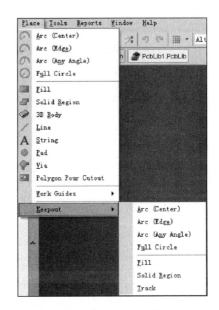

图 3-34　Tools 菜单　　　　　　　　图 3-35　Place 菜单

进入 PCB 封装库编辑器后，需要根据要绘制的元件封装类型对编辑器环境进行相应的设置。PCB 库编辑环境设置主要包括的 Library Options（元件库选项）、Layers & Colors（电路板层与颜色）、Layer Stack Manager（层栈管理）和 Preferences（参数）设置都在 Tools 菜单中。

1. Library Options 设置

选择 Tools|Library Options 命令，或者在工作区右击，在弹出的快捷菜单中单击选择 Library Options 命令，就可以在弹出的 Board Options 对话框中进行 Library Options 设置，主要包括设置 PCB 板的单位、捕捉栅格、元件栅格、电气栅格、可视栅格以及图纸位置等选项。

2. Layers & Colors 设置

选择 Tools|Layers & Colors 命令，或者在工作区右击，在弹出的快捷菜单中选择 Options|Board Layers & Colors 命令，就可以在弹出的 View Configurations（视图配置）对话框中进行 Layers & Colors 设置。绝大部分选项都可以采用默认设置，只需在机械层中选中 Mechanical 1 的 Linked To Sheet（连接到图纸）复选框；在系统颜色栏中，选中 Visible Grid 1 后的 Show（显示）复选框即可。

3. Layer Stack Manager 设置

选择 Tools|Layer Stack Manager 命令，或者在工作区右击，在弹出的快捷菜单中选择 Options|Layer Stack Manager 命令，就可以在弹出的 Layer Stack Manager 对话框中进行层栈管理设置，保持系统默认设置即可。

4. Preferences 设置

选择 Tools | Preferences 命令,或者在工作区右击,在弹出的快捷菜单中选择 Options | Preferences 命令,就可以在弹出的 Preferences 对话框中进行参数设置,如无特殊要求,保持系统默认设置即可。

3.3.4 创建元件的 PCB 封装

PCB 封装库与原理图元件库不同,原理图元件库只从图形上表示了整个元件的引脚信息,而 PCB 封装库和实际的元件有关,具有与实际元件相同的属性,包括大小、引脚之间的距离、引脚含义的定义等。因此,在创建元件封装时,一定要根据实际尺寸来确定元件封装的各个部分,特别是焊点的位置一定要精确。如果焊点间的相对位置和实际情况不符,会影响电路板的设计和后面的焊接过程。

在 Altium Designer 中创建元件封装的方法多种多样,可以在知道元件的具体尺寸的情况下手工绘制元件封装。若所需绘制的元件封装为符合国际标准的芯片封装,可以利用 Altium Designer 中的元件封装设计向导和 IPC 元件封装设计向导非常方便地设计出符合要求的芯片 PCB 封装。所以,绘制元件 PCB 封装的方法可分为 3 种:

(1)利用元件封装向导绘制元件封装。

(2)利用 IPC 元件封装向导绘制元件封装。

(3)手工绘制元件封装。

利用向导创建元件封装适用于创建标准的元件封装,而手工创建元件封装适用于制作外形或焊盘布局都不是很标准的元件。

1. 利用元件封装向导绘制封装

Altium Designer 的 PCB 元件库编辑器为用户提供的 PCB Component Wizard(元件封装创建向导)是先前的版本留下来的元件封装设计工具,利用它可以十分方便地设计元件封装。下面以元件封装 DIP14 为例,介绍利用向导创建元件封装的基本方法和步骤。

(1)打开前面建立的 PCB 库文件 PcbLib1. PcbLib,启动元件封装库编辑器。

(2)选择 Tools | Component Wizard 命令,出现创建元件封装向导,如图 3-36 所示。

图 3-36 元件封装向导启动界面

（3）单击 Next 按钮，即可进入选择元件封装类型对话框。选择列表框中的 Dual in-line Package（DIP）选项，并设置描述元件大小的单位为 Imperial（mil）（英制），如图 3-37 所示。

图 3-37　选择元件封装类型对话框

如图 3-37 所示的对话框中总共列举了 12 种标准的元件封装，现做简单介绍如下：

- Ball Grid Arrays（BGA）：BGA（球栅阵列）型封装。
- Capacitors：电容型封装。
- Diodes：二极管型封装。
- Dual in-line Package（DIP）：双列直插型封装。
- Edge Connectors：边缘连接器型封装。
- Leadless Chip Carrier（LCC）：无引脚芯片载体型封装。
- Pin Grid Arrays（PGA）：PGA（插针栅格阵列）型封装。
- Quad Packs（QUAD）：方形扁平封装。
- Resistors：电阻型封装。
- Small Outlines Package（SOP）：小外形封装。
- Staggered Ball Grid Arrays（SBGA）：SBGA（交错球栅阵列）型封装。
- Staggered Pin Grid Arrays（SPGA）：SPGA（交错针栅阵列）型封装。

（4）单击 Next 按钮，即可打开焊盘尺寸设置对话框（见图 3-38），可以根据需要修改焊盘各部分尺寸。

（5）修改尺寸后，单击 Next 按钮，即可打开焊盘间距设置对话框（见图 3-39），可以根据需要修改焊盘间距。

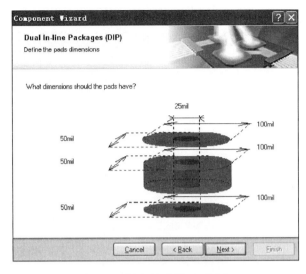

图 3-38　焊盘尺寸设置对话框

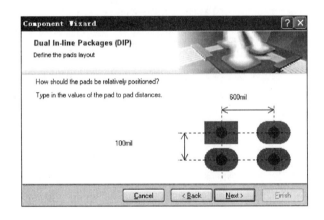

图 3-39　焊盘间距设置对话框

（6）单击 Next 按钮，即可打开轮廓线宽度设置对话框（见图 3-40），可以根据需要修改轮廓线宽度。

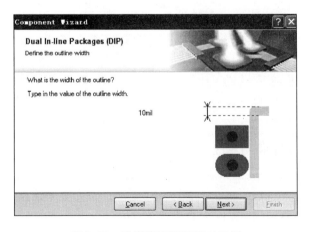

图 3-40　轮廓线宽度设置对话框

（7）单击 Next 按钮，即可设置引脚数量（见图 3-41），选取引脚数为 14。

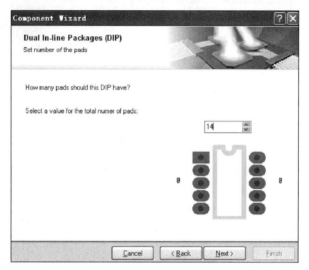

图 3-41　设置引脚数量

（8）单击 Next 按钮，为新元件封装命名（见图 3-42），命名为 DIP14。

图 3-42　为新元件封装命名

（9）单击 Next 按钮，所有设置工作结束，进入最后一个对话框，如图 3-43 所示。

（10）单击 Finish 按钮，确认设置完成，此时程序会在 PCB 库文件工作窗口中自动生成如图 3-44 所示的元件封装。

2. 利用 IPC 元件封装向导绘制 DSP 封装

DSP 芯片的焊盘经常多达上百甚至数百个，若要采用手工绘制，其工程量是非常庞大而繁杂的。但是，利用 Altium Designer 中的 IPC 元件封装向导来绘制则只需简单的几步，而且精度高。下面以 TMS320F2812 这个 DSP 芯片为例，介绍具体的步骤。在绘制之前，首先应了解芯片的具体尺寸，在芯片手册中找到芯片的机械数据，有了这些具体的尺寸数据，就能够精确地绘制出元件的 PCB 封装。

图 3-43　完成元件封装参数设置

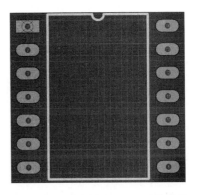

图 3-44　新创建的 DIP14 元件封装

（1）选择 Tools|IPC Compliant Footprint Wizard 命令，启动 IPC 元件封装向导，如图 3-45 所示。

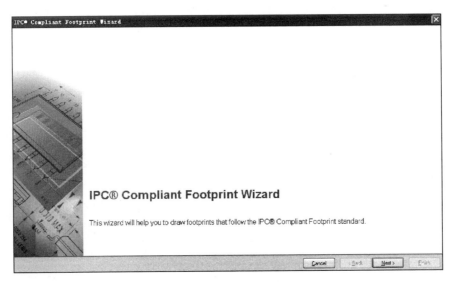

图 3-45　IPC 元件封装向导启动界面

（2）单击 Next 按钮，进入如图 3-46 所示的选择元件封装类型对话框，选择其中的 PQFP，这是四方形的扁平塑料封装，也是用得最多的贴片 IC 封装元件。在该对话框右边列出了该类元件的介绍和封装模型预览，最下边则提示注意芯片的所有参数均采用毫米（mm）为单位。

（3）单击 Next 按钮，进入如图 3-47 所示的芯片外形尺寸设置对话框，设置芯片的外径。

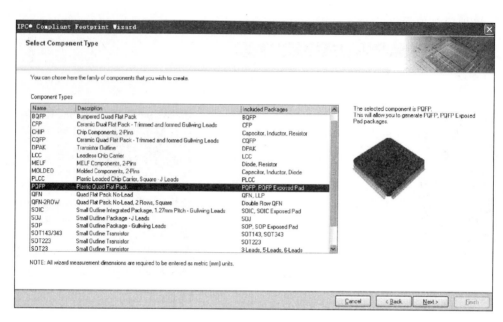

图 3-46　选择元件封装类型对话框

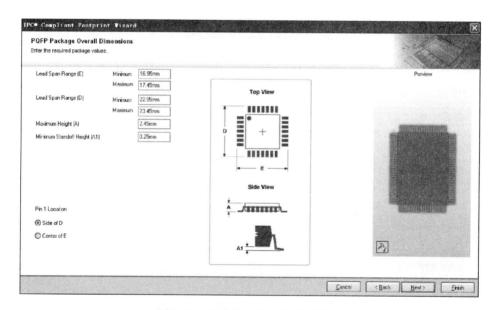

图 3-47　芯片外形尺寸设置对话框

（4）单击 Next 按钮，弹出如图 3-48 所示的芯片引脚尺寸设置对话框，设置芯片的内径、引脚大小、引脚之间的间距以及引脚的数量。当这些具体数据设置完毕后，就可以看到元件预览图已经与芯片外形一致。

（5）单击 Next 按钮，弹出如图 3-49 所示的导热焊盘设置对话框，这是针对发热量较大的芯片设置的。对于没有导热焊盘的芯片，不用选择左上方的 Add Thermal Pad 复选框。

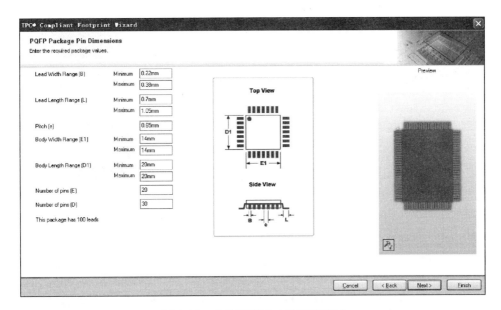

图 3-48　芯片引脚尺寸设置对话框

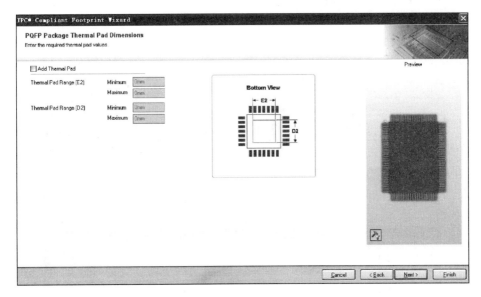

图 3-49　导热焊盘设置对话框

（6）单击 Next 按钮，弹出如图 3-50 所示的引脚位置设置对话框，设置元件引脚与元件体之间的距离，系统已经根据前面提供的数据自动计算，因此无须修改。

（7）单击 Next 按钮，弹出如图 3-51 所示的助焊层尺寸设置对话框。设置元件焊盘助焊层的尺寸大小，采用系统默认数据，下面列出了尺寸的预览。

（8）单击 Next 按钮，弹出如图 3-52 所示的元件容差设置对话框，设置元件最大误差，采用系统默认设置。

（9）单击 Next 按钮，弹出如图 3-53 所示的芯片封装容差设置对话框，设置芯片封装所允许的最大误差，采用系统默认设置。

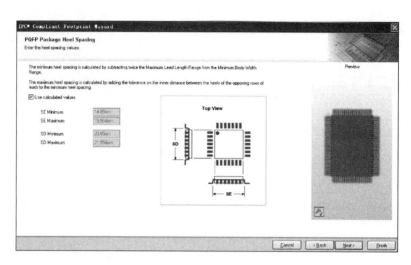

图 3-50　引脚位置设置对话框

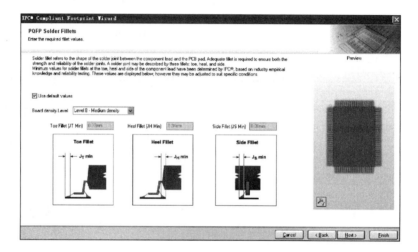

图 3-51　助焊层尺寸设置对话框

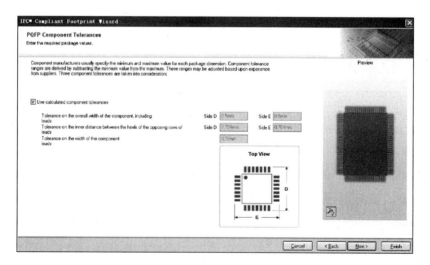

图 3-52　元件容差设置对话框

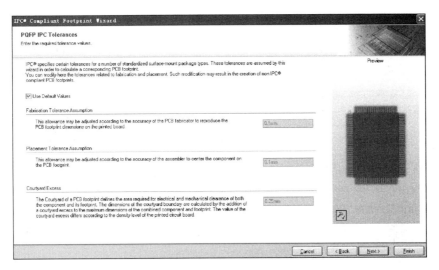

图 3-53　芯片封装容差设置对话框

　　(10)单击 Next 按钮,弹出如图 3-54 所示的焊盘尺寸设置对话框,设置焊盘尺寸。焊盘尺寸大小值是系统根据芯片的引脚尺寸计算出来的,还可以设置焊盘的形状。

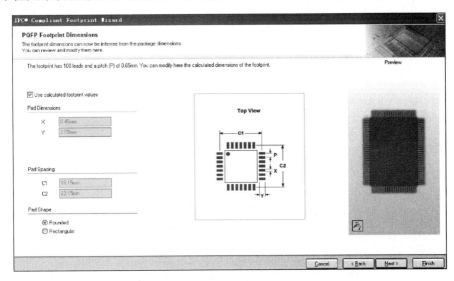

图 3-54　焊盘尺寸设置对话框

　　(11)单击 Next 按钮,弹出如图 3-55 所示的丝印层尺寸设置对话框,设置丝印层印刷元件的外形尺寸,采用系统默认设置。

　　(12)单击 Next 按钮,弹出如图 3-56 所示的芯片封装整体尺寸设置对话框,设置芯片封装的整体尺寸,系统已经根据芯片尺寸和焊盘大小计算出了默认值,无须修改。至此,芯片封装设计已经完成,可以单击 Finish 按钮完成设计。

　　(13)单击 Next 按钮,弹出如图 3-57 所示的元件名称与描述设置对话框,系统已经给出了建议值,无须修改。

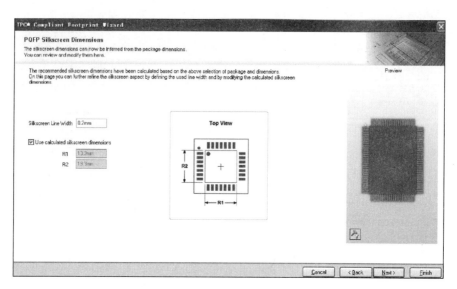

图 3-55　丝印层尺寸设置对话框

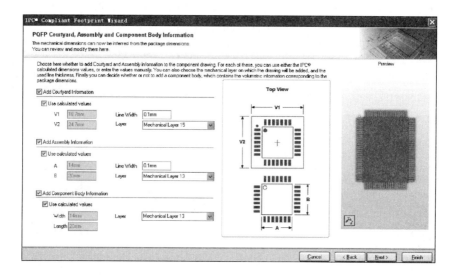

图 3-56　芯片封装整体尺寸设置对话框

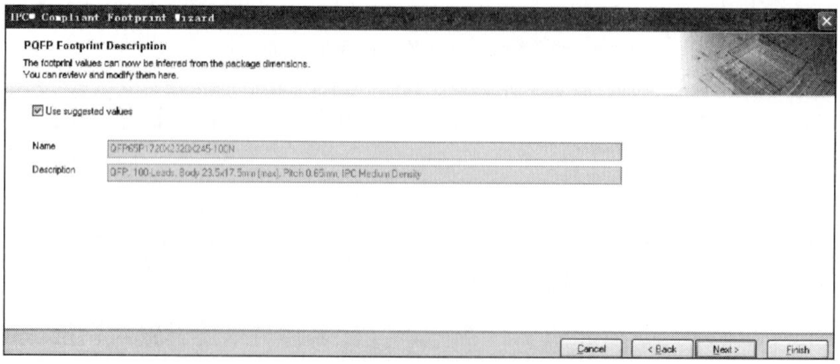

图 3-57　元件名称与描述设置对话框

（14）单击 Next 按钮，弹出如图 3-58 所示的元件封装存储位置对话框，默认为存储在当前库文件中。

图 3-58　元件封装存储位置对话框

（15）单击 Next 按钮，弹出如图 3-59 所示的 IPC 元件封装向导完成对话框，单击 Finish 按钮完成元件封装的设计。

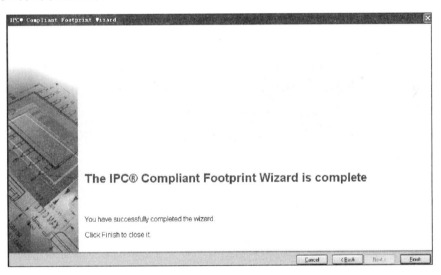

图 3-59　IPC 元件封装向导完成对话框

3. 手工创建元件封装

手工创建元件封装适用于制作非标准的元件封装。在开始绘制之前，设计者必须掌握元件实物尺寸的精确数据，其中包括元件的外形、焊盘的大小和间距以及轮廓与焊盘之间的间距等，否则，可能会导致整个电路板报废。元件实物的尺寸数据既可以通过生产厂商提供的元件数据手册获得，也可以通过购买元件，再利用测量工具实际测量获得。

手工创建元件封装可以用两种方法：一是利用绘图工具直接在设计窗口绘制；另外一

种方法是从现有的元件库中选择相似元件，复制到设计窗口，再对其进行编辑。

（1）利用绘图工具直接在设计窗口绘制。下面以图 3-60 为例，直接绘制元件封装，也就是利用 Altium Designer 提供的绘图工具按照实际尺寸绘制该元件封装。

- 打开 3.3.2 节建立的 PCB 库文件 Mcu51. pcbLib，启动元件封装编辑器。
- 单击工作区下面的 Top Overlay 标签，将当前工作层面切换到顶层丝印层，如图 3-61 所示。

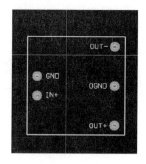

图 3-60　手工创建
元件封装实例

图 3-61　切换工作层面

- 选择 View|Toolbars|PCB Lib Placement 命令打开工具栏，单击如图 3-62 所示的 ⊙ 按钮，或者选择 Place|Pad 命令，光标变为十字形，移动光标将焊盘放置到合适位置。

图 3-62　元件封装编辑器中的绘图工具栏

- 双击焊盘，对焊盘属性进行设置，如图 3-63 所示。

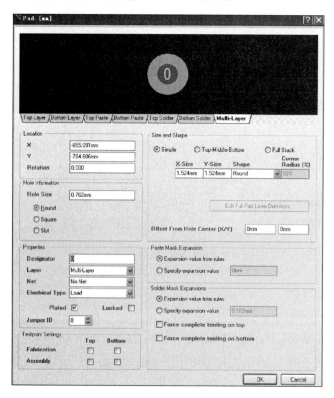

图 3-63　设置焊盘属性对话框

- 用同样的方法放置好其他焊盘,要特别注意使各个焊盘间的位置关系精确。
- 在当前的 Top Overlay 工作层,单击如图 3-62 所示的 ╱ 按钮,或者选择 Place|Line 命令,光标变为十字形,移动光标,按照实际尺寸绘制轮廓线。
- 单击如图 3-62 所示的 A 按钮,或者选择 Place|String 命令,光标变为十字形,移动光标在合适位置放置文字。
- 绘制完成后,双击元件封装管理器左边的元件名称,在显示的对话框中为该元件封装重新命名后,单击 OK 按钮。
- 选择 File|Save 命令,保存新建的元件封装库。

通过上面步骤,成功地绘制了一个新的元件封装。采用直接绘制的方式创建元件封装,用户必须对 PCB 库文件的图纸参数进行设置,并掌握一定的方法和技巧。这样,才能够事半功倍地制作出合乎要求的元件封装。

(2)编辑相似元件。如果 Altium Designer 提供的元件封装库中含有与要创建的元件封装相似的元件,用户就可以打开已有的元件封装库,并找到与要新建的元件相似的元件封装,将它复制并粘贴到新建的元件封装库中。然后,再根据元件实物的外形尺寸和焊盘间距做出适当的修改,重新命名并保存经过修改的元件封装,就可以快速完成一个新的元件封装的创建工作。

3.4　集成元件库操作

我们已经在前面的设计中绘制了与非门 74HC00 的原理图库符号和 PCB 封装 DIP14,下面就将它们关联在一起,成为集成库。

3.4.1　为原理图库元件添加封装模型

选择 File|New|Project|Integrated Library 命令,创建集成元件库工程 MCU51. LibPkg。将已经建成的原理图库文件 MCU51. SchLib 和 PCB 封装库 MCU51. PcbLib 加入到此工程中。

注意:集成元件库文件、原理图库文件和 PCB 封装库文件的文件名需保持一致,否则会找不到封装模型。

打开原理图库文件,为原理图元件 74HC00 添加封装,在如图 3-15 所示的原理图库文件编辑器界面右下角的模型编辑区内单击 Add Footprint 按钮,弹出如图 3-64 所示的添加封装模型对话框。单击 Browse 按钮,找到之前创建的 DIP14 封装模型,如图 3-65 所示。单击 OK 按钮确认,结果如图 3-66 所示。

至此,原理图元件 74HC00 就和 DIP14 封装模型关联到一起。依此类推,可以将集成元件库中所有的原理图库元件与相应的封装模型关联。

图 3-64　添加封装模型

图 3-65　找到封装模型

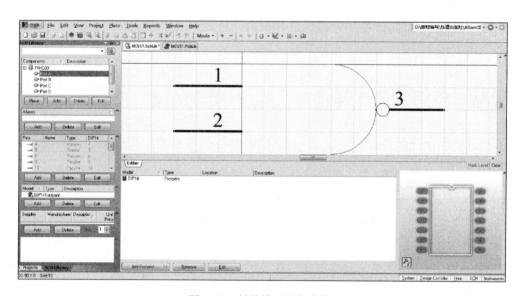

图 3-66　封装模型添加完毕

3.4.2　编译集成元件库

选择 Project|Compile Integrated Library MCU51. LibPkg 命令，对整个集成元件库进行编译，如果编译错误，会在 Message 面板中显示错误信息。一般来说，错误原因主要有以下几种：

（1）个别原理图库元件没有指定相应的 PCB 元件封装。

（2）原理图库元件或 PCB 元件封装的引脚标号有重复。

（3）原理图库元件与对应的 PCB 元件封装引脚数目不匹配。

（4）原理图库元件与对应的 PCB 元件封装引脚标号不能一一对应。

如果遇到上述错误,只需根据提示到原理图库文件或者 PCB 库文件中找出发生错误的位置,并修改即可。改正错误后,重新对集成库进行编译,编译成功的集成库文件会被自动加入到库列表中。

问题思考与操作训练

1. Altium Designer 中,元件库操作的基本步骤是什么?

2. 新建原理图库文件 Eth06-PoE.SchLib,并在其中完成原理图库元件 CAT811TTBI-CT3。新建 PCB 封装库文件 Eth06-PoE.PcbLib,并在其中完成该元件的 PCB 封装,二者如图 3-67 所示。PCB 封装的具体尺寸可以从图 3-68 中的芯片封装数据中获取。

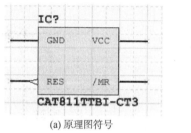
(a) 原理图符号

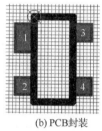
(b) PCB封装

图 3-67 元件 CAT811TTBI-CT3 的原理图符号和 PCB 封装

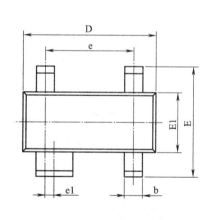

TOP VIEW

SYMBOL	MIN	NOM	MAX
A	0.80		1.22
A1	0.05		0.15
A2	0.75	0.90	1.07
b	0.30		0.50
b2	0.76		0.89
c	0.08		0.20
D	2.80	2.90	3.04
E	2.10		2.64
E1	1.20	1.30	1.40
e		1.92 BSC	
e1		0.20 BSC	
L	0.40	0.50	0.60
L1		0.54 REF	
L2		0.25	
θ	0°		8°

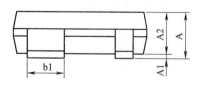

SIDE VIEW

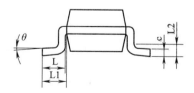

END VIEW

图 3-68 元件 CAT811TTBI-CT3 的芯片封装数据

模块 3 元件库操作

3. 在原理图库文件 Eth06-PoE. SchLib 中完成原理图库元件 XTAL，并在 PCB 封装库文件 Eth06-PoE. PcbLib 中完成该元件的 PCB 封装，二者如图 3-69 所示。PCB 封装的具体尺寸可以从图 3-70 的器件封装数据中获取。

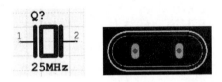

图 3-69　元件 XTAL 的原理图符号和 PCB 封装

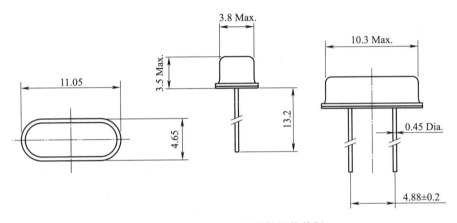

图 3-70　元件 XTAL 的器件封装数据

4. 将第 2、3 两题中的两个 PCB 封装分别链接到对应的原理图符号。利用 Eth06-PoE. SchLib 与 Eth06-PoE. PcbLib 生成 Eth06-PoE. IntLib 集成库，并将该集成库添加到工程中。

5. 新建原理图库文件 Full-Bridge Converter. SchLib，并在其中完成原理图库元件 IRF840。新建 PCB 封装库文件 Full-Bridge Converter. PcbLib，并在其中完成该元件的 PCB 封装，二者如图 3-71 所示。PCB 封装的具体尺寸可以从图 3-72 中的芯片封装数据中获取。

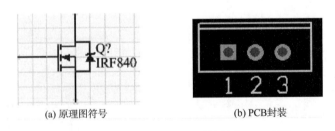

(a) 原理图符号　　　　　　　　(b) PCB封装

图 3-71　元件 IRF840 的原理图符号和 PCB 封装

6. 将第 5 题中的 PCB 封装链接到对应的原理图符号。利用 Full-Bridge Converter. SchLib 与 Full-Bridge Converter. PcbLib 生成 Full-Bridge Converter. IntLib 集成库，并将该集成库添加到工程中。

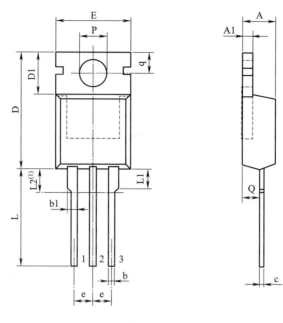

DIMENSIONS (mm are the original dimensions)

UNIT	A	A1	b	b1	c	D	D1	E	e	L	L1	L2(1) max.	P	q	Q
mm	4.5	1.39	0.9	1.3	0.7	15.8	6.4	10.3	2.54	15.0	3.30	3.0	3.8	3.0	2.6
	4.1	1.27	0.7	1.0	0.4	15.2	5.9	9.7		13.5	2.79		3.6	2.7	2.2

图 3-72　元件 IRF840 的器件封装数据

7. 进阶练习：为附录 A 中"MCU51 单片机开发板"电路及其各个子电路建立原理图元件库及符合生产实际的 PCB 封装库。

模块 4

→ 原理图绘制高级操作

学习目标

● 掌握原理图全局编辑的方法。

● 掌握设计、调用模板的方法。

● 掌握层次原理图的设计方法。

经过模块 2 内容的学习,实际上我们已经完全可以独立设计出精美的电路原理图。本模块主要讲解 Altium Designer 中一些原理图设计系统的高级应用,这些应用并非设计原理图所必需的,但是,掌握了这些技能可以使绘图效率显著提高。

4.1 原理图的全局编辑

Altium Designer 提供了强大的全局编辑功能,使得绘图效率大幅提高。本节主要介绍元件标号的全局操作,以及对元件属性和字符串的全局编辑。

4.1.1 元件的标注

在原理图中,每一个元件的标号都必须是唯一的,如果标注重复或者未定义,系统编译时都会产生错误。但是在放置元件时,系统默认的元件标号都是未定义状态,也就是"字母+?"的形式,例如,电容默认标号为"C?",电阻为"R?",芯片为"U?"等。而且,对于规模比较大的电路原理图,无论是系统自动递增编号,还是手动进行修改,都难免会产生错误。因此,最好的方法是在原理图编辑完成后,使用系统的标注功能——Annotate 工具统一为元件编号。

在 Tools 菜单中可以看到系统提供的一系列元件标注命令,在展开的命令中有各种方式的元件标注功能,如图 4-1 所示。下面详细地介绍一下各命令的基础——Annotate Schematics 命令的使用。

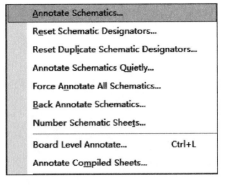

图 4-1 元件标注命令

选择 Tools | Annotate Schematics 命令,弹出如图 4-2 所示的元件标注工具对话框。其中的各选项意义如下:

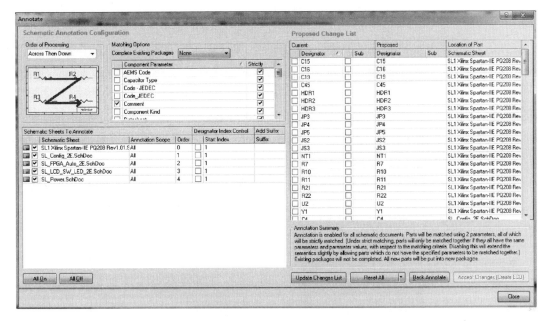

图 4-2　元件标注工具对话框

（1）Order of Processing：执行顺序排序，即元件编号的上下左右顺序，在其下拉列表中可以看到 4 种编号顺序，如图 4-3 所示。

- Up Then Across：先由下而上，再从左到右。
- Down Then Across：先由上而下，再从左到右。
- Across Then Up：先从左到右，再由下而上。
- Across Then Down：先从左到右，再由上而下。

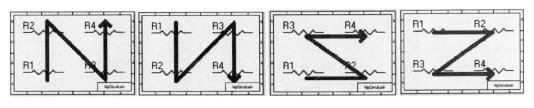

图 4-3　4 种编号顺序

（2）Matching Options：匹配选项，在这里主要设置复合式多模块芯片（多部件元件）的标注方式。例如，74HC00 这样内部含有 4 个与非门单元的一类元件，在其下拉列表中可以看到 3 个选项：

- None：全部选用单独封装。例如，某原理图中有 4 个与非门，则放置 4 个 74HC00。
- Per Sheet：同一张图纸中的芯片采用复合封装。例如，工程中有一张图纸中有 3 个与非门，另一张图纸中有 4 个与非门，则在这两张图纸中各使用 1 个 74HC00。
- Whole Project：整个工程中都采用复合封装。例如，工程中有一张图纸中有 2 个与非门，而另一张图纸中也有 2 个与非门，则整个工程采用 1 个 74HC00。

下面的 Component Parameter（元件参数）选项则提供了属于同一个复合元件的判断条

件。左边复选框用于设置判断条件,系统默认条件是元件的 Comment 和 Library Reference 属性相同即可判断为同一类元件;右侧的 Strictly 选项设置是否严格匹配。

（3）Schematic Sheets To Annotate:该选项用于设置参与元件标注的文档。系统默认工程中所有原理图文档都参与元件的自动标注,可以单击文档名前面的复选框来选中或取消相应的文档。

- Annotate Scope:各图纸中参与标注的元件的范围。单击该文本框会弹出下拉菜单,All 表示该图纸中所有元件都参与标注,Ignore Selected Parts 表示忽略选中元件,Only Selected Parts 表示只有选中的元件参与标注。
- Order:工程中参与标注的图纸的顺序,可以通过单击该文本框直接修改具体内容。
- Start Index:起始编号,用来定义各图纸中元件的起始编号。如果某张图纸需要从特定值开始编号,则需要选中前面的复选框,并在文本框中填上具体的起始值;如果不选中,则系统默认图纸接着比其优先级高的图纸继续编号。
- Suffix:用来设置是否对某张图纸的元件编号加上后缀,可以是字母或符号。

（4）Proposed Change List:变更列表,在该区域列出了元件的当前标号和执行标注命令后的新标号,如图 4-4 所示。

- Current:当前栏中列出了前面所设置的所有参与标注的元件的当前标号。如果想要设置某些元件不参与标注可以选中前面的复选框,如果要设置某些元件标号后面不带后缀可以选中后面的复选框。

Proposed Change List				
Current		**Proposed**		**Location of Part**
Designator	Sub	Designator	Sub	Schematic Sheet
LCD1		LCD1		SL_LCD_SW_LED_2E.SchDoc
LED0		LED0		SL_LCD_SW_LED_2E.SchDoc
LED1		LED1		SL_LCD_SW_LED_2E.SchDoc
LED2		LED2		SL_LCD_SW_LED_2E.SchDoc
LED3		LED3		SL_LCD_SW_LED_2E.SchDoc
LED4		LED4		SL_LCD_SW_LED_2E.SchDoc
LED5		LED5		SL_LCD_SW_LED_2E.SchDoc
LED6		LED6		SL_LCD_SW_LED_2E.SchDoc
LED7		LED7		SL_LCD_SW_LED_2E.SchDoc
Q1		Q1		SL_LCD_SW_LED_2E.SchDoc
R1		R1		SL_LCD_SW_LED_2E.SchDoc
R2		R2		SL_LCD_SW_LED_2E.SchDoc
R3		R3		SL_LCD_SW_LED_2E.SchDoc
R8		R8		SL_LCD_SW_LED_2E.SchDoc
R9		R9		SL_LCD_SW_LED_2E.SchDoc
R16		R16		SL_LCD_SW_LED_2E.SchDoc
RA1		RA1		SL_LCD_SW_LED_2E.SchDoc
RA2		RA2		SL_LCD_SW_LED_2E.SchDoc
RA3		RA3		SL_LCD_SW_LED_2E.SchDoc
RA4		RA4		SL_LCD_SW_LED_2E.SchDoc
RA5		RA5		SL_LCD_SW_LED_2E.SchDoc

Annotation Summary
Annotation is enabled for all schematic documents. Parts will be matched using 2 parameters, all of which will be strictly matched. (Under strict matching, parts will only be matched together if they all have the same parameters and parameter values, with respect to the matching criteria. Disabling this will extend the semantics slightly by allowing parts which do not have the specified parameters to be matched together.) Existing packages will not be completed. All new parts will be put into new packages.

| Update Changes List | Reset All | Back Annotate | Accept Changes (Create ECO) |

图 4-4 元件标号的变更

- Proposed:该栏显示的是执行标注命令后元件的新标号,如果标注前后的标号一致,说明还没有开始执行命令或者现有的命令已经符合要求。
- Location of Part:该栏列出了元件所属的原理图文档。

（5）Update Changes List：执行变化列表。单击该按钮后弹出对话框，提示将有多个元件的标号发生变化。单击 OK 按钮会发现图 4-4 中的 Proposed Designator 发生了变化，此时显示的是即将被修改的标注，但原理图中尚未发生改动。

（6）Reset All：复位所有元件标号，将所有的元件标号复位到未编号的"字母＋？"状态。

（7）Back Annotate：重新标注。单击该按钮会弹出对话框，用来选择现成的"．was"或"．eco"文件来为元件标注。

（8）Accept Changes：执行改变。之前的操作仅仅是对元件标注的预操作，产生了标注前后的对比列表给用户参考，却并没有真正修改原理图。单击该按钮后将弹出工程变更对话框，该对话框显示了所有将发生的变化。单击下方的 Validate Changes 将对所做的变化进行验证，如果通过，在右方的 Check 栏显示全为绿色的对钩，单击 Execute Changes 更新所有标注。

熟悉了 Annotate Schematics 命令后，后面其他元件标注命令的应用就简单了，下面的命令只是 Annotate Schematics 命令中的一部分或者内部一系列命令的组合。

4.1.2　元件属性的全局编辑

Altium Designer 提供了非常有用的 Find Similar Objects（查找相似对象，简称 FSO）命令来对属性相似的元件进行整体编辑，这个功能与 Protel 99SE 中的 Global 属性应用非常类似，但是功能却强大很多。

选择 Edit|Find Similar Objects 命令，光标变成十字形，移动光标在编辑区待编辑对象上单击，弹出如图 4-5 所示的 Find Similar Objects 对话框，设置要进行全局编辑的元件的属性匹配条件。

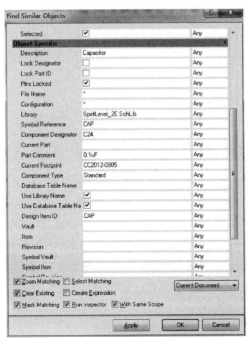

图 4-5　Find Similar Objects 对话框

例如，要对所有电容的电容值进行修改，首先得选中所有的电容，在 Find Similar Objccts 对话框中将 Description 选项后的下拉菜单从 Any 状态改为 Same。再看一下对话框下方的复选框区，如图 4-6 所示。

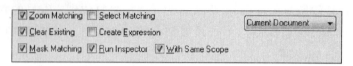

图 4-6　匹配操作设置

（1）Zoom Matching：放大匹配。选中此项后，所有符合匹配条件的元件将被放大到整个绘图区显示。

（2）Select Matching：选择匹配。选中此项后，所有符合匹配条件的元件都将被选中，必须选中该项，否则不能进行下一步编辑操作。

（3）Clear Existing：清除当前选定。在执行匹配之前处于选中状态的元件将被清除选中状态。

（4）Create Expression：创建表达式。选中此项后，将在原理图过滤器（SCH Filter）面板中创建一个搜索条件逻辑表达式。

（5）Mask Matching：掩模显示。选中此项后，除了符合匹配条件的元件外，其他元件都呈浅色显示。

（6）Run Inspector：启动检查器面板。选中此项后，执行完匹配将启动检查器面板。

（7）Current Document：匹配范围。在下拉菜单中，可以选择 Current Document 当前文档，或者 Open Document 所有打开的文档。

设置好匹配选项后单击 Apply 按钮，则显示如图 4-7 所示的匹配结果，编辑区内除了符合匹配条件的元件外都呈浅色显示，可以在全局编辑完毕时，通过单击编辑区右下角的 Clear 按钮清除这种掩模显示。

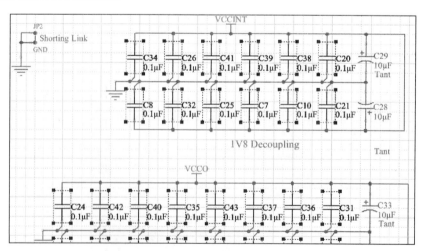

图 4-7　匹配结果

再单击 OK 按钮，就会弹出 SCH Inspector 面板，元件属性的全局修改就是在这个面板中进行的，如图 4-8 所示。面板中列出了元件所有可供修改的共同属性。

若要修改电容值,可单击 Part Comment 右边的文本框,直接填入所需要的内容。若要修改 Description 属性,也是单击右边文本框,直接填入所需要的内容,或者单击右边出现的"…"按钮,在弹出的 Smart Edit(智能编辑)对话框中进行编辑,如图 4-9 所示。

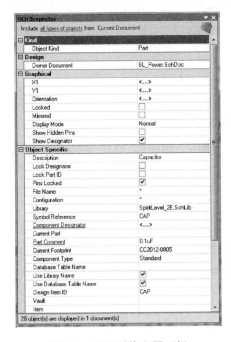

图 4-8　原理图检查器面板

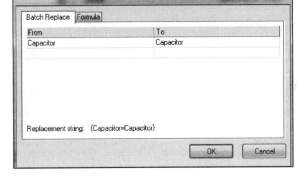

图 4-9　Smart Edit 对话框

4.1.3　字符串的全局编辑

Find Similar Objects 命令除了能对元件属性进行全局编辑外,还可以对字符串进行字体设置等全局编辑。在需要编辑的字符串上右击,选择 Find Similar Objects 命令,或者选择 Edit | Find Similar Objects 命令,均可打开如图 4-5 所示的 Find Similar Objects 匹配条件设置对话框。具体操作过程与上述元件属性匹配条件设置完全一样,只不过编辑的对象是关于字符串的一些相关操作。确认后,同样可以在 SCH Inspector 面板中修改选中字符串的属性。

另外,除了 Find Similar Objects 命令可以对字符串进行全局编辑以外,还可以选择 Edit | Find Text 命令来查找字符串,或者用 Replace Text 命令替换字符串。这两个命令执行后弹出的对话框如图 4-10 所示。二者内容相似,下面对各个选项进行详细介绍。

(1)Text To Find:要查找的字符串,在此填入相应内容或在下拉列表中选择以前搜索过的字符串。

(2)Replace With:将要替代的字符串,可以在此填入替代后的内容或在下拉列表中选择以前用过的字符串。

(3)Sheet Scope:图纸查找范围。其中包括 Current Document(当前图纸)、Project Document(工程中所有的图纸)、Open Document(所有打开的图纸)和 Document On Paths(指定路径上的图纸)4 个选项。

(4)Selection:选择对象。可以设置为 Selected Objects(在选中的对象中进行查找)、

模块 4

原理图绘制高级操作

Deselected Objects（在未选中的对象中进行查找）、All Objects（在所有对象中进行查找）。

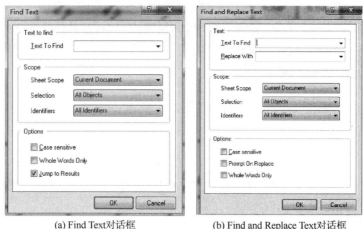

<table>
<tr><td>(a) Find Text对话框</td><td>(b) Find and Replace Text对话框</td></tr>
</table>

图 4-10　查找和替换字符串

（5）Identifiers：筛选的内容。设置需要在哪类字符串中查找，可以选择 All Identifiers（所有字符串）、Net Identifiers Only（仅仅筛选网络标号）以及 Designators Only（仅仅筛选元件标号）。

（6）Case sensitive：大小写敏感，即是否要求大小写完全相同。

（7）Whole Words Only：全字匹配。设置是否需要查找的内容与目标内容完全匹配。

（8）Jump to Results：查找到目标后自动跳转到目标。

设置完毕，单击 OK 按钮开始查找。若查找到单个匹配项，则系统会自动跳转到该字符串处；若查找到多个匹配项，系统会跳转到第一个匹配字符串处，并弹出查找结果对话框，提示查找到多少个匹配结果，还可以查看前后的结果。

4.2　模板的使用

Altium Designer 中的模板（Template）是一种半成品电路图，其中集成了电路图设计图纸中的标题栏、外观属性设置、元件等，使得设计人员可以在此基础上进行进一步的开发，简化开发流程。

4.2.1　设计模板文件

Altium Designer 为用户提供了丰富的模板，存储在 Altium Designer 安装目录下的 Templates 目录中。但是在实际应用中，大多数情况下，还需要设计者根据自己的需要来设计模板。下面简单介绍一下自行设计模板的方法。

（1）新建一个 Schematic 原理图设计文件，另存为扩展名为". SchDot"的文档。

（2）设置模板的图纸属性。选择 Design|Document Options 命令，弹出文档选项对话框，在其中自行设置图纸的颜色、大小等各项属性，并取消选中 Title Block 复选框，去掉标题栏，如图 4-11 所示。

（3）图纸属性设置完毕后，用户可以根据设计需要，在模板中再自定义一个个性化的标题栏。可以用直线绘制标题栏,并放置相应的字符串文字或图案。

于是,一个完整的原理图模板就设计完毕。

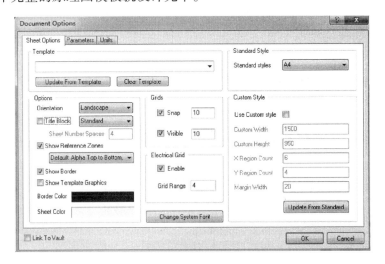

图 4-11　模板的图纸属性设置

4.2.2　调用模板文件

新建或打开需要使用模板的原理图文件,选择 Design|Project Template|Choose a File 命令或者选择 Design|General Template 命令调用模板文件,之后会弹出如图 4-12 所示的 Update Template 模板设置对话框。该对话框用来设置模板的应用范围,下面认识一下其中各个选项的意义。

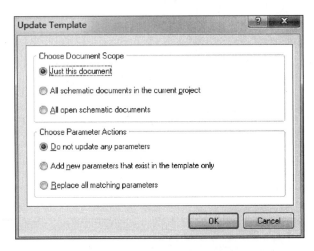

图 4-12　Update Template 模板设置对话框

（1）Choose Document Scope:选择使用模板的文档范围,包括 Just this document(仅当前文档)、All schematic documents in the current project(当前工程中所有文档)和 All open schematic documents(所有打开的文档)3 个选项。

（2）Choose Parameter Actions:选择参数操作,用来设置如何应用模板中的参数。包括

Do not update any parameters（不更新任何参数）、Add new parameters that exist in the template only（只增加模板中新增的参数）和 Replace all matching parameters（全部替换所有匹配参数）3 个选项。

如果不改变系统的默认设置，可单击 OK 按钮应用模板，会弹出模板应用确认对话框，提示用户一个文档使用了模板。

注意：在绘制电路原理图过程中，作为电路绘制的母体的模板中的内容是无法更改的。如果对模板中的内容不满意，可以先修改模板，再执行更新模板命令来改变原来的内容。

4.3 层次电路图的设计

层次原理图的设计方法是一种模块化的设计方法。用户可以把一个比较复杂的大的系统，按照功能划分为多个子系统，而子系统又可以划分为多个功能模块。Altium Designer 支持无限分层的层次原理图，因此各个功能模块又可以继续细分，直到分为一些基本的功能模块。至此，只要绘制出各个基本功能模块的原理图，再根据预先定义好的子系统之间的连接关系，将多张原理图组合起来，就完成了整个系统的原理图设计过程。

根据层次电路图绘制顺序的不同可以分为自上而下和自下而上两种设计方法。

4.3.1 自上而下的层次电路图设计方法

所谓自上而下，就是指将总的电路系统划分为若干子系统模块，然后再继续分割为基本模块，也就是先在层次式母图中绘制电路框图以及电气连线，再由系统生成各框图的实际电路图并绘制实际电路，其设计流程如图 4-13 所示。

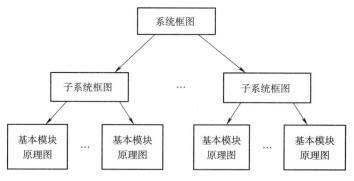

图 4-13 自上而下的设计流程

下面就以 Altium Designer 自带的范例 4 Port Serial Interface（四通道串口）为例，介绍一下采用自上而下的方法设计层次电路图的过程。

1. 建立层次电路图的系统方块图（母图）

图 4-14 所示为该层次电路图的系统框图，整张框图就是一个完整的电路，它由 ISA Bus and Address Decoding（ISA 总线与地址译码）和 4 Port UART and Line Drivers（4 通道串口接口与线路驱动器）两个模块构成。建立层次电路图的系统框图的步骤如下：

（1）新建设计工程，命名为 4 Port Serial Interface. PrjPCB，在其中新建原理图设计文件，命名为 main. SchDoc，作为层次电路图的母图。

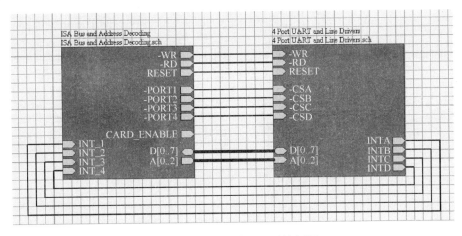

图 4-14　层次电路图的系统框图

（2）按照 2.5.1 节所介绍的方法在母图中放置一个电路框图，命名为 ISA Bus and Address Decoding，并按照图 4-14 所示添加框图进出点。

（3）放置另一个电路框图，命名为 4 Port UART and Line Drivers，并按照图 4-14 所示添加框图进出点。

（4）用导线、总线等将各电路框图的进出点连接起来。

（5）设置电路框图、进出点以及导线的属性。

2. 绘制各部分基本模块原理图（子图）

（1）在 main. SchDoc 中选择 Design|Create Sheet From Sheet Symbol 命令，光标变成十字形，单击 ISA Bus and Address Decoding 框，则系统自动生成子电路文件，如图 4-15 所示。

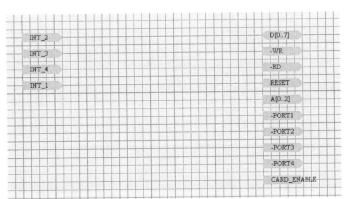

图 4-15　自动生成的子电路文件

（2）用绘制电路原理图的方法，在子电路端口的基础上绘制出具体的子电路，并调整端口位置，使原理图布局合理，如图 4-16 所示。

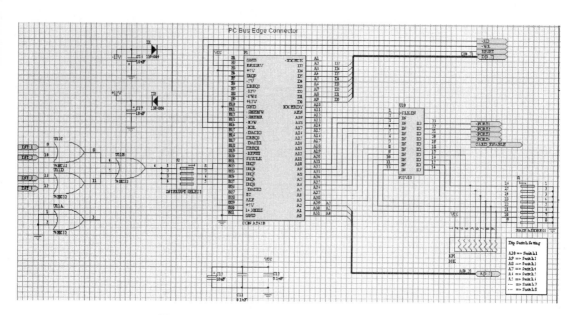

图 4-16   ISA Bus and Address Decoding 模块电路图

（3）重复上述过程，绘制出 4 Port UART and Line Drivers 模块电路图，如图 4-17 所示。

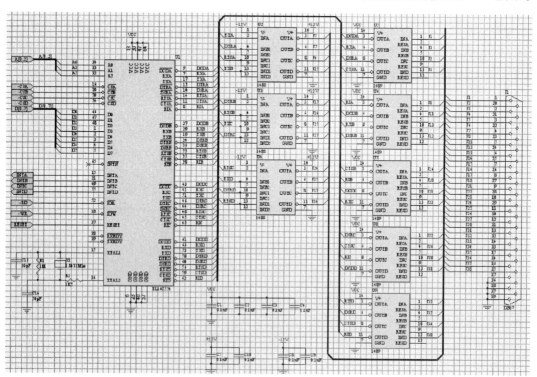

图 4-17   4 Port UART and Line Drivers 模块电路图

（4）选择 Project|Compile PCB Project 4 Port Serial Interface. PrjPCB 命令编译工程，编译成功后 Project 面板中的文件会以层次式结构显示。

4.3.2 自下而上的层次电路图设计方法

此方法与自上而下的设计方法正相反,是由原理图生成电路框图,其设计流程如图 4-18 所示。

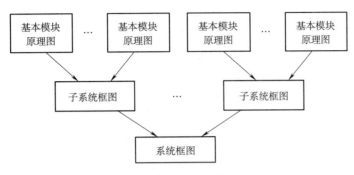

图 4-18 自下而上的设计流程

下面仍以上述范例为例,介绍一下采用自下而上的方法设计层次电路图的过程。

1. 绘制各部分基本模块原理图(子图)

(1)新建设计工程,命名为 4 Port Serial Interface. PrjPCB,在其中新建原理图设计文件(. SchDoc),并将该文件名改为 ISA Bus and Address Decoding. SchDoc,打开该文件。

(2)用设计电路原理图的方法绘制出 ISA Bus and Address Decoding. SchDoc 的电路原理图。

(3)用同样的方法绘制出 4 Port UART and Line Drivers. SchDoc 的电路原理图。

2. 建立层次电路图的系统方块图(母图)

(1)在设计工程中新建名为 main. SchDoc 的原理图文件。

(2)在 main. SchDoc 中选择 Design|Create Sheet Symbol From Sheet or HDL 命令,弹出选择文件对话框。对话框中列出了工程中所有可以用来创建子图的电路原理图,选中 ISA Bus and Address Decoding. SchDoc 并确认。

(3)此时光标变成十字形,并黏附了一个电路框图,框图进出点与原理图中的端口是相对应的,选择合适位置,单击,电路框图便放置在图纸上,如图 4-19 所示。

(4)用同样的方法放置 4 Port UART and Line Drivers. SchDoc 子电路的框图,将所有的框图放置完后,再用导线或总线将各个框图连接好。绘制好的层次电路图母图与图 4-14 相同。

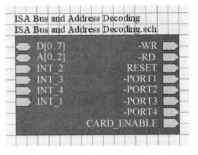

图 4-19 由原理图生成的电路框图

(5)编译工程,编译后工程面板中的原理图文件由原来的并列显示变为层次式显示状态。

这样就用自下而上的方法完成了复杂电路的层次电路图设计。

4.3.3 重复性层次图的设计

重复性层次图是指在层次电路图设计中,有一个或多个电路图被重复地调用。为方便调用,采用重复性设计的方法,可以省去很多工作量,不必重复绘制相同的电路图。其设计流程如图 4-20 所示。

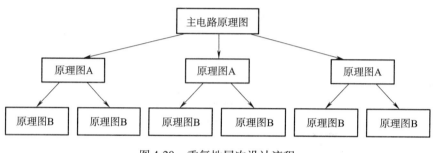

图 4-20　重复性层次设计流程

图 4-20 中原理图 A 和原理图 B 被主电路原理图多次调用,实际上只需绘制主电路原理图、原理图 A 和原理图 B,再将要被重复调用的原理图复制成副本,从而形成一组相互独立又相互关联的电路图,即把重复性电路图转化为一般性层次图。

4.3.4 层次电路图之间的切换

设计浏览器可以管理项目中各个层次的电路图,利用它可以很方便地在项目的各个部分间进行切换。在设计的浏览器中不仅列出了目前系统中打开的文件,而且能够直观地表示出电路图之间的层次关系。但是在绘图时,设计浏览器会占显示区域,经常被关掉。在母图中,按住【Ctrl】键的同时双击电路框图符号,就可以打开框图所关联的电路原理图文件。还有更简单的预览子图的方法,就是将光标停留在电路框图上一小段时间,系统就会自动弹出电路框图所对应的电路来预览原理图。

Altium Designer 还提供了功能更为强大的专用的层次图切换工具来实现各个图层之间的切换,即菜单中的 Up/Down Hierarchy 命令。通过这个命令可以更加方便地查看电路原理图的结构和原理图之间信号的流向。

在层次式原理图母图中选择 Tools|Up/Down Hierarchy 命令或单击工具栏中的 按钮进入层次间查找状态,此时光标会变成十字形,在需要查看的电路框图上单击,则系统会自动打开相应的电路原理图。

使用 Up/Down Hierarchy 命令还可以追踪原理图中信号的走向。例如,要追踪母图中某个总线信号的走向,则选择 Up/Down Hierarchy 命令后将光标移至母图中该信号处,单击,系统会自动打开相应的子图,同时该总线端口呈放大高亮显示。再次单击该端口,则界面会回到母图中,并将该电路进出点高亮显示。这样顺着母图中总线连接进入子图中查看信号的走向,十分方便。

问题思考与操作训练

1. 将模块 2 问题思考与操作训练中第 6、7、8 题各原理图中的元件进行标注，并对各元件属性进行全局编辑。

2. 根据自己的需要设计一个原理图模板，并调用它。

3. 绘制"跑马灯电路"等 10 个电路原理图（见附录 A 中图 A-1），并结合本模块学习的高级技巧，将它们综合在一起，绘制成"MCU51 单片机开发板电路"（见附录 A 中图 A-11）。

模块 ⑤

➡ PCB 设 计

学习目标

- 会设置 PCB 的设计环境,会在 PCB 编辑器中放置、选择、移动、复制、粘贴、删除元件封装及其他印制电路板对象。
- 掌握 PCB 设计规则。
- 掌握在 PCB 中自动与手工布局的方法。
- 掌握在 PCB 中自动与手工布线的方法。
- 能够对设计好的 PCB 文件设计规则检查并改正出现的错误。
- 能够对设计好的 PCB 文件进行后续处理。

设计电路原理图就是为了最终生成满足生产实际需要的 PCB,利用 Altium Designer 可以非常简单地从原理图设计进入 PCB 设计流程。在模块 1 中,已经介绍了 PCB 设计的简单流程,在本模块中,将解决规划电路板、装载网络表以及 PCB 布局、布线和后续处理等问题。其中,最重要的是制定设计规则和布局、布线。

5.1 Altium Designer 的 PCB 设计环境

5.1.1 PCB 设计文档的创建与启动

PCB 设计文档的创建十分简单,可以通过 File 菜单或者 File 面板来创建。选择 File | New | PCB 命令创建新的 PCB 设计文档,如图 5-1 所示。

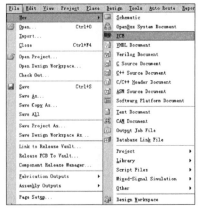

图 5-1　通过 File 菜单创建 PCB 设计文档

在标签式面板栏的 File 面板中直接选择 PCB File 来创建新的 PCB 设计文档,如图 5-2 所示。

可选择 File|Open 命令打开现有的 PCB 设计文档,在弹出的选择文件对话框中选择相应的 PCB 设计文档并将其打开。也可以在 File 面板的 Open a document 区域中打开最近打开的 PCB 文档,如图 5-3 所示。

图 5-2　通过 File 面板创建 PCB 设计文档　　　　图 5-3　打开现有 PCB 文档

5.1.2　PCB 编辑器界面

无论是新建还是打开现有的 PCB 文档,系统都会进入 PCB 编辑器设计界面,如图 5-4 所示。整个界面可分为若干个工具栏和面板,下面简单介绍一下它们的功能。

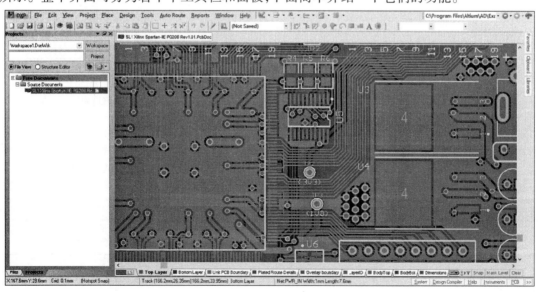

图 5-4　PCB 编辑器界面

1. 菜单栏

编辑器中所有操作命令都可以通过菜单命令来实现,而且菜单中的常用命令在工具栏中均有相应的快捷键按钮。

（1）DXP:该菜单,提供了 Altium Designer 中系统高级设置。

（2）File:文件菜单,提供了常见的文件操作,如新建、打开、保存以及打印等功能。

（3）Edit:编辑菜单,提供了 PCB 设计的编辑操作命令,如选择、剪切、粘贴、移动等。

（4）View:视图菜单,提供了 PCB 文档的缩放查看,以及面板的操作等功能。

（5）Project:工程菜单,提供了工程整体上的管理功能。

（6）Place:放置菜单,提供了各种电气元件的放置命令。

（7）Design:设计菜单,提供了设计规则管理、电路原理图同步以及 PCB 层管理等功能。

（8）Tools:工具菜单,提供了设计规则检查、覆铜、密度分析等 PCB 设计的高级功能。

（9）Auto Route:自动布线菜单,提供了自动布线时的具体功能设置。

（10）Reports:报告菜单,提供了各种 PCB 信息输出,以及电路板测量的功能。

（11）Window:窗口菜单,提供了主界面窗口的管理功能。

（12）Help:帮助菜单,提供了系统的帮助功能。

2. 工具栏

Altium Designer 的 PCB 编辑器提供了标准工具栏（PCB Standard）、布线工具栏（Wiring）、实体工具栏（Utilities）和导航栏（Navigation）等,其中有些工具栏的功能是 Altium Designer 中所有编辑环境所共有的,这里仅介绍 PCB 设计所独有的工具栏。

（1）布线工具栏（Wiring）:与原理图不同,PCB 编辑器中的工具栏提供了各种各样实际电气走线功能,如图 5-5 所示。该工具栏中各按钮的功能如表 5-1 所示。

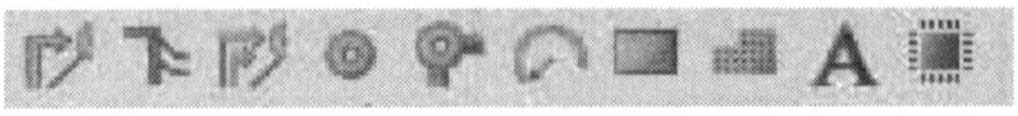

图 5-5 布线工具栏

表 5-1 布线工具栏各按钮功能

按　钮	功　能	按　钮	功　能
	交互式布线		放置圆弧
	多重交互式布线		放置填充
	差分对布线	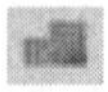	放置覆铜
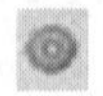	放置焊盘		放置文字
	放置导孔		放置元件

（2）实体工具栏（Utilities）:与原理图中类似,PCB 的该工具栏主要提供 PCB 设计过程中的编辑、排列等操作命令,每一个按钮均对应一组相关命令,如图 5-6 所示。该工具栏中各按钮的功能如表 5-2 所示。

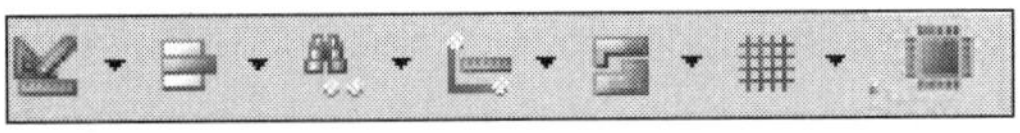

图 5-6 实体工具栏

表 5-2 实体工具栏各按钮功能

按　钮	功　能	按　钮	功　能
	绘图及阵列粘贴	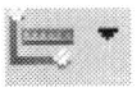	各种标示功能
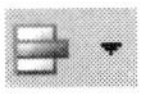	图件的排列	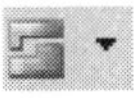	元件布置区间
	图件的搜索	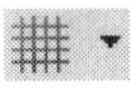	网格大小设定

（3）层标签栏：层标签栏中列出了当前 PCB 设计文档中所有的层，各层用不同的颜色表示，可以单击各层的标签在各层之间切换，如图 5-7 所示。具体的 PCB 层设置将在后面详细介绍。

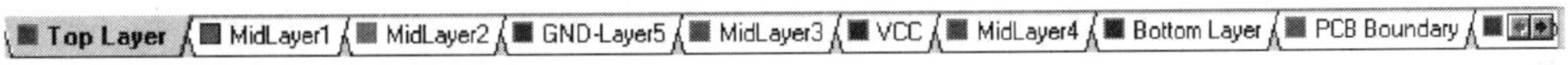

图 5-7 层标签栏

5.1.3 PCB 设计面板

Altium Designer PCB 编辑器中提供了一个功能强大的 PCB 设计面板，如图 5-8 所示。在标签式面板中选中 PCB 设计面板，该面板中可以对 PCB 中所有的网络、元件、设计规则等进行定位或者设置其属性。在面板上部的下拉菜单中可以选择需要查找的项目类别，单击下拉按钮可以看到系统所支持的所有项目分类，如图 5-9 所示。

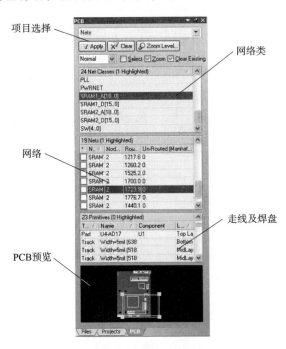

图 5-8 PCB 设计面板

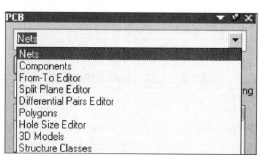

图 5-9　项目选择

鼠标选择任何一个网络类、网络、走线或者焊盘,系统的绘图区均会自动聚焦到该选择的项目;若双击该项目,系统则会打开该项目的属性设置对话框,对该项目的属性进行设置。

5.2　PCB 环境设置

在 PCB 设计之前,首先要对电路板的各种属性进行详细设置,主要包括 PCB 工作层设置、PCB 图纸以及边框设置等。

5.2.1　PCB 工作层设置

PCB 设计过程中用不同颜色表示不同板层,选择 Design | Board Layers & Colors 命令打开如图 5-10 所示的视图设置对话框。该对话框中有 3 个选项卡,其中 Board Layers And Colors 选项卡用来设置各板层是否显示及板层的颜色。

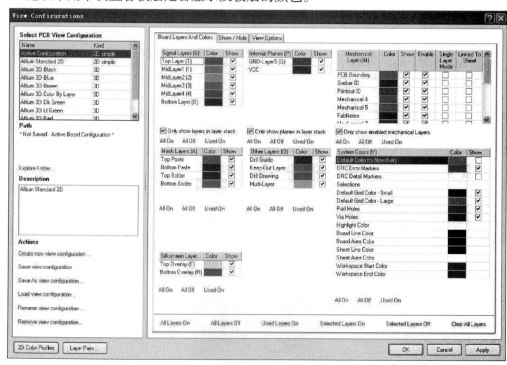

图 5-10　视图设置对话框

图 5-10,列出了当前 PCB 设计文档中所有的层。根据各层面功能不同,可将系统的层大致分为六大类。

(1)信号层(Signal Layers):Altium Designer 提供了 32 个信号层,其中包括 Top Layer、Bottom Layer、Mid Layer 1 ~ Mid Layer 30 等。图中仅仅显示了当前 PCB 中所存在的信号层 Top Layer 和 Bottom Layer,即顶层和底层,这两层用于放置元器件和布置导线。若要显示所有的层面可以取消选择 Only show layers in layer stack 复选项。

(2)内电层(Internal Planes):Altium Designer 提供了 16 个内电层,Plane 1 ~ Plane 16,用于布置电源线和地线,由于当前 PCB 是双层板设计,没有用内电层,所以该区域显示为空。

(3)机械层(Mechanical Layers):Altium Designer 提供了 16 个机械层,Mechanical 1 ~ Mechanical 16。机械层一般用于放置有关制板和装配方法的指示性信息,如 PCB 的形状、尺寸以及安装孔之类的信息。图中显示了当前 PCB 所使用的机械层。

(4)防护层(Mask Layers):防护层用于保护 PCB 上不需要上锡的部分。防护层有阻焊层(Solder Mask)和锡膏防护层(Paste Mask)之分。阻焊层和锡膏防护层均有顶层和底层之分,即 Top Solder、Bottom Solder、Top Paste 和 Bottom Paste。

(5)丝印层(Silkscreen Layers):Altium Designer 提供了两个丝印层,顶层丝印层(Top Overlay)和底层丝印层(Bottom Overlay)。丝印层主要用于绘制元件的外形轮廓、放置元件的编号或其他文本信息。

(6)其他层(Other Layers):Altium Designer 还提供了其他的工作层面,其中包括 Drill Guide(钻孔位置层)、Keep-Out Layer(禁止布线层)、Drill Drawing(钻孔图层和)Multi-Layer(多层)。其中,Keep-Out Layer 用于绘制自动布线区域的边界;Multi-Layer 用于显示焊盘和过孔。

以上各层均可单击后面 Color 区域的颜色选框设置颜色,但不建议大家随意修改颜色,否则,很容易造成不必要的混乱。在 Show 显示选框中可以选择是否显示该层,选择该项则显示该层。

若绘制双面电路板时,只需选择信号层中的 Top Layer(顶层,即元件面)和 Bottom Layer(底层,即焊锡面),关闭中间信号层。有时为了降低 PCB 生产成本,尽可能只在元件面上设置丝印层(除非有特殊要求)。因此,在 Silkscreen 选项框内,只选择 Top Overlay。假若所有元件均采用传统穿通式安置方式,没有使用贴片式元件,也可以不用 Paste Mask(焊锡膏)层。打开阻焊层选项框的 Bottom(底层)和 Top(顶层),即两面都要上阻焊漆。

5.2.2 PCB 图纸设置

选择 Design | Board Options 命令,弹出 PCB 尺寸参数设置对话框,如图 5-11 所示。

(1)Measurement Unit:测量单位设置,可以选择 Imperial(英制,单位为 mil)或者 Metric(米制,单位为 mm)两种长度计量单位,彼此之间的换算关系如下:

$$1 \text{ mil} = 0.0254 \text{ mm};1 \text{ mm} \approx 40 \text{ mil}$$

(2)Designator Display:标号显示栏,显示不同的标号,如显示物理标号、显示逻辑标号。

(3)Route Tool Path:加工通道栏,在 Layer 对应下拉列表中显示所对应层,分别为 Do not use(不使用)、Mechanical 1(机械层 1)。

(4)Snap Options:捕捉选项栏,用于捕捉设置。

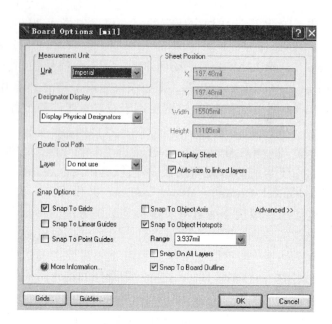

图 5-11　PCB 尺寸参数设置对话框

- Snap To Grids（捕捉栅格）复选框：绘制元件过程中捕捉网格点。
- Snap To Linear Guides（捕捉辅助线）复选框：绘制元件过程中捕捉辅助线。
- Snap To Point Guides（捕捉辅助点）复选框：绘制元件过程中捕捉辅助点，针对不同引脚长度的元件，用户可以随时改变元件放置格点的设置，这样就可以精确地放置元件。
- Snap To Object Axis（捕捉目标轴线）复选框：绘制元件过程中捕捉对应目标轴线。
- Snap To Object Hotspots（捕捉目标热点）复选框：绘制元件过程中捕捉目标热点。
- Range（幅度）：在该下拉列表中选择网格大小。

（5）Sheet Position（图纸位置）栏：PCB 图纸设置。由上至下依次可以对图纸在 X 轴的位置、Y 轴的位置、图纸的宽度、图纸的高度、图纸显示状态以及图纸的锁定状态等进行设置。

5.2.3　PCB 边框设置

电路板的物理边界即为 PCB 的实际大小和形状，板形的设置是在工作层面 Mechanical 1 上进行的，根据所设计的 PCB 在产品中的位置、空间的大小、形状以及与其他部件的配合来确定 PCB 的外形和尺寸。具体步骤如下：

（1）在 PCB 文件中单击工作窗口下方的 Mechanical 1 标签，将工作层面切换到机械层。

（2）选择 Place|Line 命令，或单击实体工具栏中的快捷键，光标变成十字形，将鼠标移到工作窗口的合适位置单击即可进行线的放置操作。通常将板的形状定义为矩形，有时根据需要也可定义为其他形状。

（3）当绘制的线组成了一个封闭的边框时，即可结束边框的绘制。右击或按下【Esc】键即可退出该操作。双击任一边框线即可打开该线的编辑对话框，可在其中对线的起始和结束点进行设置。

电路板的电气边界规定了 PCB 上放置元件和布线的范围，在 Keep-Out Layer（禁止布线层）上对布线框进行设置，主要是为自动布局和自动布线打基础。新建的 PCB 文件只有一个默认的板形，并无布线框，因此用户若需要用到 Altium Designer 系统提供的自动布局和自动布线功能就需要自己创建一个布线框。具体步骤如下：

（1）在 PCB 文件中单击工作窗口下方的 Keep-Out Layer 标签，将工作层面切换到禁止布线层。

（2）选择 Place|Keepout|Track 命令，光标变成十字形，将鼠标移到工作窗口的合适位置，在禁止布线层上创建一个封闭的多边形。

（3）完成布线框的设置后，右击或按下【Esc】键即可退出该操作。

（4）布线框设置完毕后，进行自动布局操作时元件自动导入到该布线框中。

5.3　载入网络表

原理图和电路板规划的工作都完成后，就需要将原理图的设计信息传递到 PCB 编辑器中，进行 PCB 设计。从原理图向 PCB 编辑器传递的设计信息主要包括网络表文件、元件的封装和一些设计规则信息。

Altium Designer 现了真正的双向同步设计，网络表与元件封装的装入既可以通过在原理图编辑器内更新 PCB 来实现，也可以通过在 PCB 编辑器内导入原理图的变化来完成。

但是在装入网络连接与元件封装之前，必须先装入元件库，否则将导致网络表和元件装入失败。

（1）在原理图编辑器中选择 Design|Update PCB Document MCU51.PcbDoc 命令，即可弹出 Engineering Change Order 对话框，如图 5-12 所示。如果出现错误，一般是因为原理图中的元件在 PCB 图中的封装找不到，这时应打开相应的原理图文件，检查元件封装名是否正确或添加相应的元件封装库文件。

图 5-12　Engineering Change Order 对话框

（2）单击 Validate Changes 按钮，如果所有的改变都有效，那么，显示在状态列表中

模块 5　PCB设计

的转换成功后的项目都被选中，如图 5-13 所示。如果改变无效，则应该关闭对话框，然后检查 Message 面板并清除所有的错误。

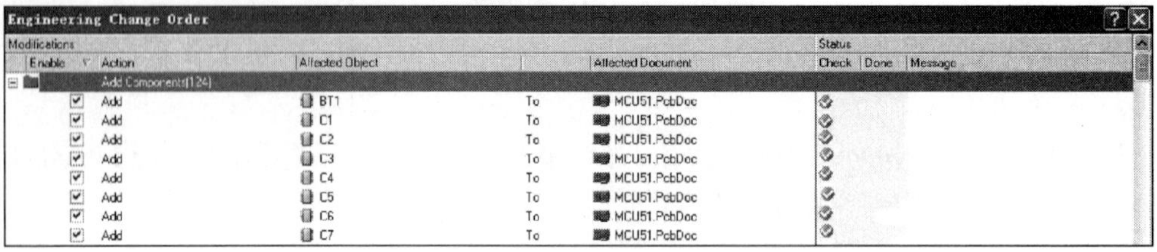

图 5-13　转换数据到 PCB 图

（3）单击 Execute Changes 按钮则可以将改变送到 PCB，完成后的状态则会变为完成 Done，如图 5-14 所示。

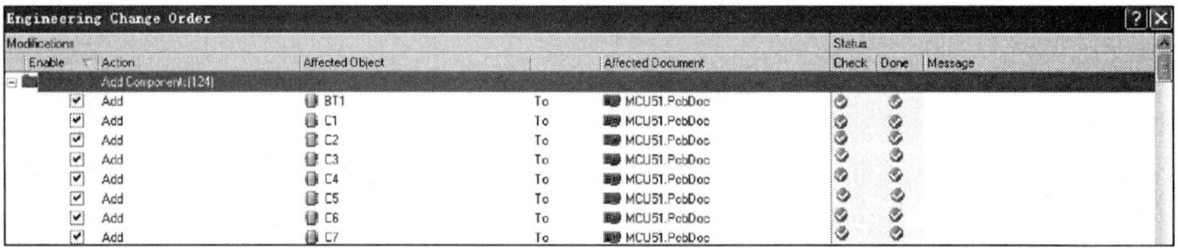

图 5-14　将改变发送到 PCB

（4）单击 Report Changes 按钮即可弹出转换后的详细信息。

（5）关闭 Engineering Change Order 对话框，即可看到加载的网络表与元件在 PCB 图中。如果在当前视图中看不到载入的图，则可按 Page Down 键缩小视图，如图 5-15 所示。

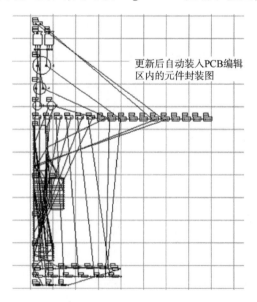

更新后自动装入PCB编辑区内的元件封装图

图 5-15　加载的网络表与元件

5.4　元件布局

元件布局是将元件封装按照一定的规则排列和摆放在 PCB 中,PCB 编辑器中元件布局有自动布局和手工布局两种。对于一个元件数目多、连线复杂的印制电路板来说,若完全依靠手工方式来完成元件布局,耗时多,效果还不一定好(主要是连线未必最短);而采用"自动布局"方式,连线可能最短,但又未必满足电磁兼容要求。因此,一般先按印制电路板元件布局规则,用手工方式放置好核心元件、输入/输出信号处理芯片、对干扰敏感元件以及发热量大的功率元件,然后再使用"自动布局"命令,放置剩余元件,最后再用手工方式对印制电路板上个别元件位置做进一步调整。总之,印制电路板元件布局对电路性能影响很大,绝对不能马虎。

5.4.1　元件布局的基本原则

尽管印制电路板种类很多、功能各异,元件数目、类型也各不相同,但印制电路板元件布局还是有章可循的。

(1)元件位置安排的一般原则。优先摆放核心元件及体积较大的元件,再以核心元件为中心摆放周围电路元件;先置与结构关系密切的元件,如接插件、开关、电源插座等;功率大的元件摆放在有利于散热的位置;考虑信号流向,合理安排布局使信号流向尽可能保持一致;PCB 布局应均匀、整齐、紧凑。如果电路系统同时存在数字电路、模拟电路以及大电流电路,则必须分开布局,再单点接地,使各系统之间耦合达到最小。

(2)元件离印制电路板边框的最小距离必须大于 2 mm,如果印制电路板安装空间允许,最好保留 5~10 mm。

(3)元件放置方向。在印制电路板上,元件只能沿水平和垂直两个方向排列,否则不利于插件。SMT 元件应注意焊盘方向尽量一致,以利于装焊,减少桥联的可能。

(4)元件间距。对于中等密度印制电路板、小元件,如小功率电阻、电容、二极管、晶体管等分立元件彼此的间距与插件、焊接工艺有关;当采用自动插件和波峰焊接工艺时,元件之间的最小距离可以取 50~100 mil(即 1.27~2.54 mm);而当采用手工插件或手工焊接时,元件间距要大一些,如取 100 mil 或以上,否则会因元件排列过于紧密,给插件、焊接操作带来不便。大尺寸元件,如集成电路芯片,元件间距一般为 100~150 mil。对于高密度印制电路板,可适当减小元件间距。有高频连线的元件尽可能靠近,以减少高频信号的分布和电磁干扰。

(5)对小尺寸高热量的元件加散热器尤为重要,大功率元件下可以通过敷铜来散热,而且这些元件周围尽量不要放热敏元件。

(6)电路板上重量较大的元件应尽量靠近印制电路板支撑点,使印制电路板翘曲度降至最小。

(7)对于双面都有元件的 PCB,较大较密的 IC、插件元件放在板的顶层,底层只能放较小的元件和引脚数少且排列松散的贴片元件。

(8)对于需要调节的元件,如电位器、微调电阻、可调电感等的安装位置应充分考虑整机结构要求;对于需要机外调节的元件,其安装位置与调节旋钮在机箱面板上的位置要一致;对于机内调节的元件,其放置位置以打开机盖后方便调节为原则。

（9）在布局时 IC 去耦电容要尽量靠近 IC 芯片的电源和地线引脚,否则滤波效果会变差。在数字电路中,为保证数字电路系统可靠工作,在每一数字集成电路芯片(包括门电路和抗干扰能力较差的 CPU、RAM、ROM 芯片)的电源和地之间均应设置 IC 去耦电容。

（10）数字电路,尤其是单片机控制系统中的时钟电路,最容易产生电磁辐射,干扰系统其他元器件。因此,时钟电路元件应尽量靠近 CPU 时钟引脚。

5.4.2 手工预布局

按元件布局一般规则,用手工方式安排并固定核心元件、输入信号处理芯片、输出信号驱动芯片、大功率元件、热敏元件、数字 IC 去耦电容、电源滤波电容、时钟电路元件等的位置,为自动布局做准备。

在 PCB 编辑器窗口内,通过移动、旋转元件等操作方法,即可将特定的元件封装移到指定位置。操作方法与在 SCH 编辑器窗口内移动、旋转元件的操作方法完全相同,如图 5-16 所示。

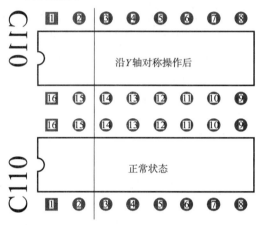

图 5-16　集成电路芯片对称操作后的结果

1. 粗调元件位置

当印制电路板上元件数目较多、连线较复杂时,先按元件布局规则大致调节印制电路板上的元件位置。操作步骤如下:

（1）选择 View|Connections|Hide All 命令,隐藏所有飞线。

（2）在 PCB 面板中,选择 Components 作为浏览对象,此时 PCB 编辑器窗口状态如图 5-17 所示。

（3）按上面列举的元件布局规则,优先安排核心元件及重要元件的放置位置。

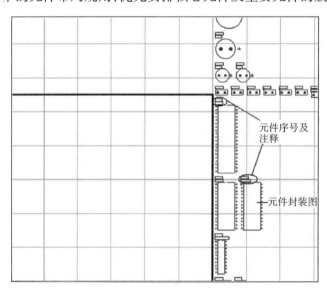

（a）以元件作为浏览对象

图 5-17　PCB 编辑器窗口状态

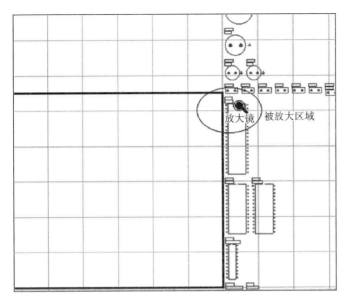

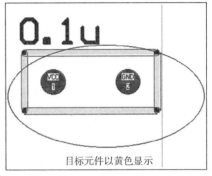

（b）利用"放大镜"观察局部区域 　　　　　　　（c）跳转到特定元件

图 5-17　PCB 编辑器窗口状态（续）

（4）如图 5-18 所示，完成了核心元件及各重要元件的初步定位后，按同样方法将放置位置有特殊要求的元件，如时钟电路、输出信号驱动芯片、复位按钮、电源整流二极管、三端稳压集成块等，移到指定位置，如图 5-19 所示。

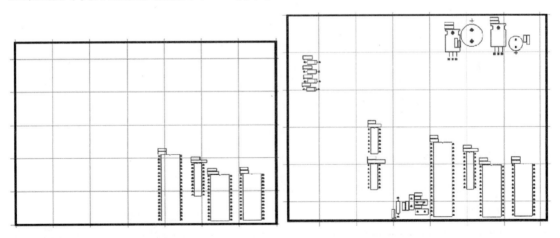

图 5-18　初步确定核心元件放置位置后的 PCB 　　　图 5-19　初步确定了放置位置有特殊要求的元件

（5）选择 View|Connections|Show All 命令，显示所有飞线。

2. 进一步细调放置位置有特殊要求的元件

借助"飞线"，利用移动、旋转等操作方法，对图中的元件放置位置做进一步调节，使飞线交叉尽可能少。

3. 固定对放置位置有特殊要求的元件

确定了核心元件、重要元件以及对放置位置有特殊要求的元件的位置后，可直接逐一双击这些元件,在如图 5-20 所示的元件属性窗口内,选中 Locked 选项,单击 OK 按钮,退出元件属性窗口,以固定元件在 PCB 编辑区内的位置。

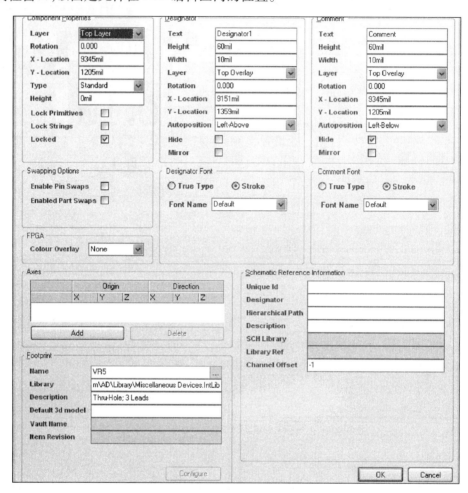

图 5-20　在元件属性窗口锁定元件在 PCB 编辑区内的位置

5.4.3　设置自动布局参数

在自动布局操作前,必须先设置自动布局参数。

在 PCB 编辑状态下,选择 Design|Rules（规则）命令;在 Design Rules（设计规则）窗口内,Placement|Component Clearance 命令,即可在如图 5-21 所示的窗口内,观察到元件间距设置信息。可以根据需要设置元件之间的最小安全间距。

5.4.4　自动布局

确定并固定了关键元件位置后,即可进行自动布局,操作步骤如下:

(1)选择 Tools|Component Placement|Auto Placer(自动放置)命令选择自动布局方式和自动布局选项。

(2)在如图 5-22 所示的对话框内,选择 Cluster Placer 放置方式时,采用"菊花链状"放置方式,以"元件组"作为放置依据,即只将组内元件放在一起,因此布局速度较快。

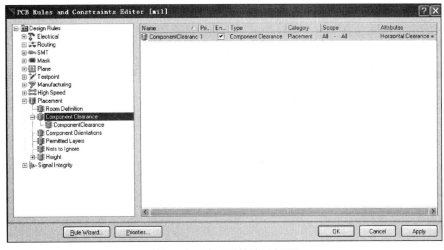

图 5-21　设置元件放置间距

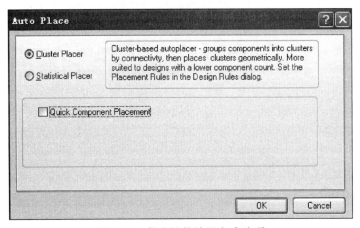

图 5-22　菊花链状放置方式选项

（3）选择 Statistical Placer（统计学）放置方式时，以连线距离最短作为布局效果好坏的判断标准。统计学放置方式选项如图 5-23 所示，可通过禁止／允许以下选项干预布局结果，因此布局效果较好，但耗时长，需要等待。

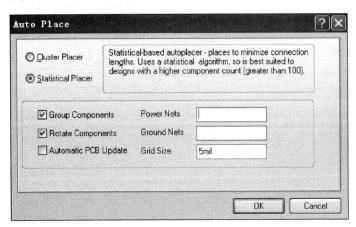

图 5-23　统计学放置方式选项

（4）选择元件放置方式和有关自动布局选项后，单击 OK 按钮，即可启动元件自动布局过程。图 5-24 所示为采用"菊花链状"放置方式的自动布局结果。

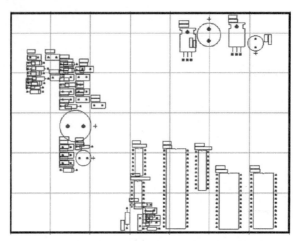

图 5-24　采用"菊花链状"放置方式的自动布局结果

（5）元件自动布局操作结束后，将自动更新 PCB 元件窗口内元件的位置。在自动布局过程中，当布线区太小，无法按设置距离放置原理图内所有元件封装时，在布局结束后将发现个别元件放在禁止布线区外，如图 5-25 所示。出现这种情况后的解决办法是在禁止布线层内，修改构成布线区直线段、圆弧的长度，增大边框后，再自动布局。

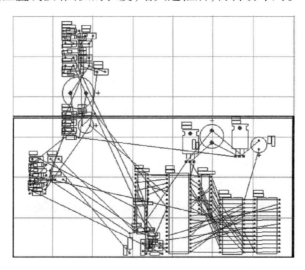

图 5-25　布线区太小而无法容纳元件封装

5.4.5　手工调整元件布局

1. 粗调元件位置

经过预布局、自动布局操作后，元件在印制电路板上相对位置大致确定，但还有许多不尽如人意之处，如元件分布不均匀，个别元件外轮廓线重叠（这将导致元件无法安装），IC 去耦电容与 IC 芯片距离太远等，尚需要手工进一步调整元件位置。有时自动布局仅仅是为了将重叠在一起的元件封装分开，为手工调整元件布局提供方便。操作步骤如下：

（1）双击元件，取消选择 Locked 复选框，解除元件的"锁定"属性，以便对元件进行移动、旋转操作。

（2）按元件布局要求，对元件进行移动、旋转操作调整元件位置，结果如图 5-26 所示。

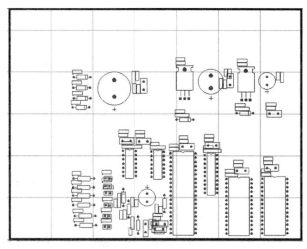

图 5-26　初步布局结果

2. 元件位置精确调整

经过预布局、自动布局及手工调整等操作后，印制电路板上元件的位置已基本确定，但元件位置、朝向尚未最后确定，还需要通过移动、旋转、整体对齐等操作方式，仔细调节元件位置，最后再执行元件引脚焊盘对准格点操作，然后才能连线。精密调节元件位置的操作步骤如下：

（1）暂时隐藏元件序号、注释信息。

（2）选择 View|Connections|Show All 命令，显示所有飞线，如图 5-27 所示。

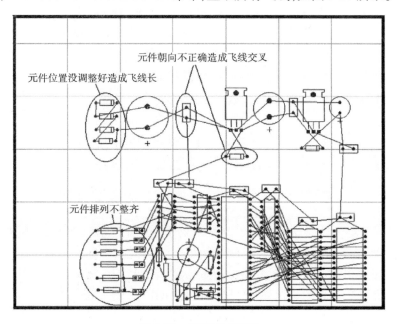

图 5-27　显示所有飞线

旋转、对齐操作方法与原埋图编辑器相同，这里不再详细介绍。例如，选定了图5-27左下方6个排列不整齐的电阻后，选择 Edit|Align 命令，设置指定排列方式，即可使已选定的元件按设置的方式重新排列。

经过反复旋转、选定、对齐操作后，即可获得如图5-28所示的调整结果，可见同一行上的元件已靠上或靠下对齐，同一列上的元件已靠左或靠右对齐；交叉的飞线数目已很少。可以认为，手工调整布局基本结束。

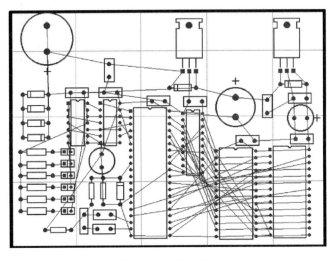

图 5-28　调整结果

（3）元件引脚焊盘对准格点。完成手工调整元件布局后，自动布线前，必须将元件引脚焊盘移到栅格点上，使连线与焊盘之间的夹角为135°或180°，以保证连线与元件引脚焊盘连接处电阻最小。选择 Edit|Align|Align to Grid（移到栅格点）命令，并指定元件移动距离，即可将所有元件引脚焊盘移到栅格点上。

（4）选择电路板外形尺寸。根据布局结果及印制电路板外形尺寸国家标准 GB 9316—2007 规定，选择电路板外形尺寸，并重新调整电路板布线区大小。GB 9316—2007 规定了通用单面、双面及多层印制电路板外形尺寸系列（但不包括箱柜中使用的插件式印制电路板）。一般情况下，印制电路板外形为矩形，如图5-29所示，该尺寸系列是电路板最大外形尺寸，而不是布线区尺寸。

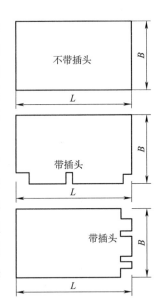

图 5-29　印制电路板外形

为防止印制电路板外形加工过程中触及印制导线或元件引脚焊盘，布线区要小于印制电路板外形尺寸。每层（元件面、焊锡面及内部信号层、内电源/地线层）布线区的导电图形与印制电路板边缘距离必须大于 1.25 mm（约50 mil），对于采用导轨固定的印制电路板上的导电图形与导轨边缘的距离要大于 2.5 mm（约100 mil），如图5-30所示。

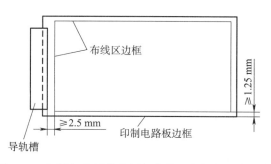

图 5-30　印制电路板外边框与布线区之间的最小距离

（5）根据印制电路板最终尺寸，利用"导线""圆弧"等工具在机械层内分别绘制出印制电路板外边框和对准孔，如图 5-31 所示。

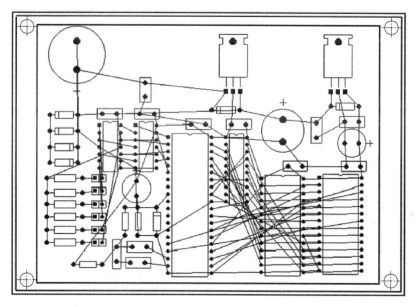

图 5-31　在机械层内画出印制板边框（双线）和对准孔

5.5　PCB 布线

PCB 布线是整个 PCB 设计中工作量最大的一个环节，直接影响到 PCB 的性能好坏。在 PCB 的设计过程中，布线一般有 3 个要求：首先是布通，这是 PCB 设计最基本的入门要求；其次是要满足电气性能，这是衡量一块 PCB 是否合格的标准，在线路布通后，要认真调整布线，使其能达到最佳的电气性能；第三是整齐美观，如果布线杂乱无章，即使电气性能过关，也会给后期改板优化及测试与维修带来极大的不便，布线要求整齐划一，不能纵横交错毫无章法。

5.5.1　PCB 布线规则

印制电路板的自动布线是根据系统的设计规则来进行的，而设计规则是否合理直接影

 模块 5 PCB设计

响布线质量和布通率。在布线过程中,应该遵循如下规则:

(1)印制导线转折点内角不能小于90°,一般选择135°或圆角;导线与焊盘、过孔的连接处要圆滑,避免出现小尖角,且必须以45°或90°相连。

(2)连线应尽可能短,尤其是电子管与场效应管栅极、晶体管基极以及高频回路。

(3)电源线、地线尽量短和粗,电源和地构成的环路尽量小。

(4)整块电路板布线、打孔要均匀。

(5)两焊点间距很小时,焊点间不得直接相连,从贴盘引出的过孔尽量离焊盘远些。

(6)在双面、多面印制电路板中,上下两层信号线的走线方向要相互垂直或斜交叉,尽量避免平行走线;对于数字、模拟混合系统来说,模拟信号走线和数字信号走线应分别位于不同面内,且走线方向垂直,以减少相互间的信号耦合。

(7)在数据总线间,可以加信号地线来实现彼此的隔离;为了提高抗干扰能力,小信号线和模拟信号线应尽量靠近地线,远离大电流和电源线;数字信号既容易干扰小信号,又容易受大电流信号的干扰,布线时必须认真处理好数据总线的走线,必要时可加电磁屏蔽罩或屏蔽板。

(8)高压或大功率元件尽量与低压小功率元件分开布线,即彼此电源线、地线分开走线,以避免高压大功率元件通过电源线、地线的寄生电阻(或电感)干扰小元件。

(9)数字电路、模拟电路以及大电流电路的电源线、地线必须分开走线,最后再接到系统电源线、地线上,形成单点接地形式。

(10)在高频电路中必须严格限制平行走线的最大长度,时钟线和高频信号线要根据特性阻抗要求考虑线宽,做到阻抗匹配。

(11)时钟的布线应少打过孔,尽量避免和其他信号线并行走线,且应远离一般信号线,避免对信号线的干扰;同时避开上的电源部分,防止电源和时钟互相干扰;当一块 PCB 上有多个不同频率的时钟时,两根不同频率的时钟线不可并行走线;时钟线避免接近输出接口,防止高频时钟耦合到输出的 CABLE 线并发射出去;如果板上有专门的时钟发生芯片,其下方不可走线,应在其下方敷铜,必要时对其专门割地。

5.5.2 设置自动布线规则

自动布线操作前,必须选择 Design|Rules 命令,检查并修改有关布线规则,如走线宽度、线与线之间以及连线与焊盘之间的最小距离、平行走线最大长度、走线方向、敷铜与焊盘连接方式等是否满足要求,否则将采用默认参数布线,但默认设置难以满足各式各样印制电路板的布线要求。Design Rules(设计规则)设置窗口主要包含 Routing(布线参数)、SMT(表面贴装)、Manufacturing(制造规则)、High Speed(高速驱动,主要用于高频电路设计)、Placement(放置)及 Signal Integrity(信号完整性分析)等标签,如图 5-32 所示。设置的布线规则越严格,限制条件越多,自动布线时间就越长,布通率就越低。

1. Width——设置布线宽度

在自动布线前,一般均要指定整体布线宽度及特殊网络的布线宽度,如电源、地线网络。设置布线宽度的操作步骤如下:

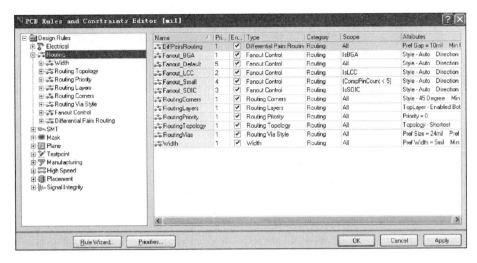

图 5-32 设置布线规则对话框

在图 5-32 中,单击 Width(布线宽度限制),即可弹出如图 5-33 所示的布线宽度状态对话框。在该对话框中可定义一般走线宽度的最大、最小和优先值。

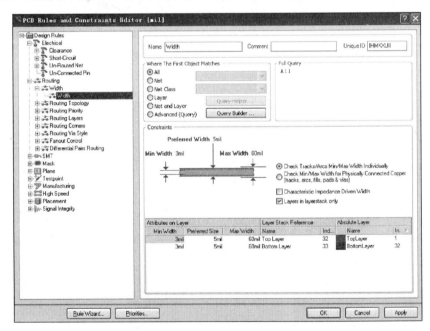

图 5-33 布线宽度状态对话框

2. Routing Layers——选择布线层

在图 5-32 中,单击 Routing Layers(布线层),即可弹出如图 5-34 所示的布线层选择窗口。

3. Routing Corners——选择印制导线转角模式

在图 5-32 中,单击 Routing Corners(布线拐角),即可重新设置印制导线转角模式,如图 5-35所示。

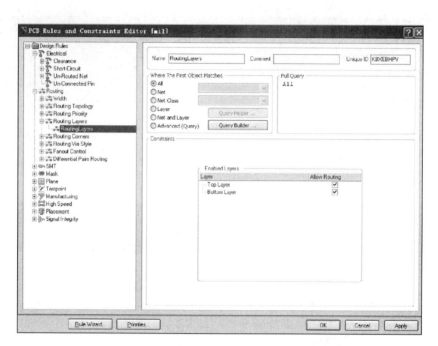

图 5-34　布线层选择对话框

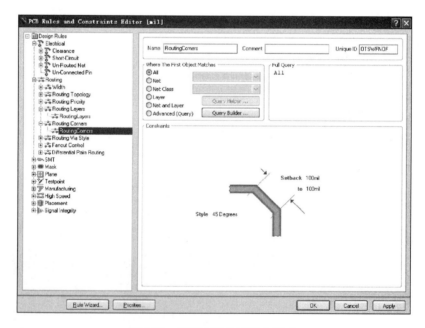

图 5-35　设置印制导线转角模式

　　从图 5-35 中可以看出：系统默认的转角模式为 45°（外角为 45°，内角就是 135°），转角过渡斜线距离为 100 mil（即 2.54 mm），适用范围是整个电路板内的所有导线。直接修改数字即可重新设置转角模式及转角过渡斜线的距离。

　　4. Routing Via Style——过孔类型及尺寸

　　在图 5-32 中，单击 Routing Via Style（过孔类型），即可弹出如图 5-36 所示的过孔类型设置对话框。可以直接在其中设置过孔内外径的最大、最小以及优先值。

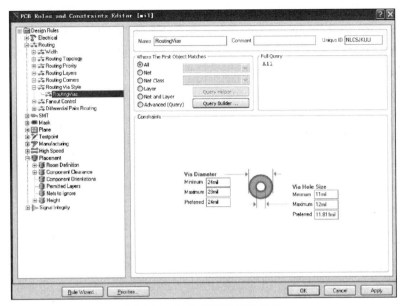

图 5-36　过孔类型设置对话框

5. Clearance——布线与焊盘(包括过孔)之间的最小安全间距

安全间距设置用于设置布线板层中的导线、导孔、焊盘、矩形金属填充等组件相互间的安全间距。在图 5-32 中,单击 Electrical | Clearance 选项,即可弹出如图 5-37 所示的安全间距设置对话框。可直接修改不同节点导电图形(导线与焊盘及过孔)之间的最小距离。此项设置很重要,如果设置太小可能因工艺问题造成不应相连的组件"短接",如果设置值太大,PCB 面积增大,会造成浪费。

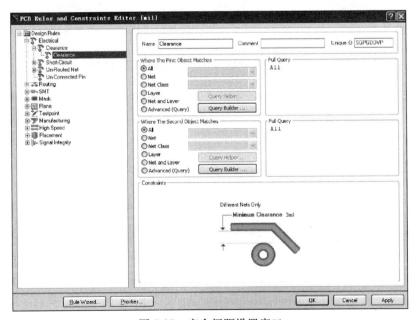

图 5-37　安全间距设置窗口

5.5.3　自动布线

经过以上处理后，就可以使用 Auto Route 菜单下的有关命令进行自动布线。Altium Designer 中自动布线的方式灵活多样，根据用户需要，既可以进行全局布线，也可以对指定网络、区域、元件以及具体的连接进行布线。其中包括 All（对整个电路板自动布线）、Net（对一网络进行布线）、Area（对某一区域进行布线）、Component（对某一元件进行布线）、Connection（对某一连线进行布线）等命令。在自动布线过程中，若发现异常，可选择该菜单下的 Stop 命令，停止布线。Auto Route 菜单如图 5-38 所示。

选择 Auto Route | All 命令，启动全局自动布线进程，将弹出布线策略对话框，以便使用用户确定布线的报告内容和确认所选的布线策略，如图 5-39 所示。

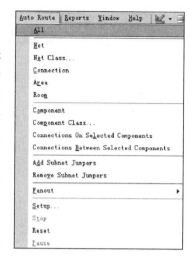

图 5-38　自动布线菜单

图 5-39　布线策略对话框

其中的 Routing Setup Report 区域包含 Errors and Warnings（错误与警告）、Report Contents（报告内容列表）和 Routing Strategy（布线策略列表框）。

Report Contents：报告内容列表包括如下规则内容：

（1）Routing Widths：布线宽度规则。

（2）Routing Via Styles：过孔类型规则。

（3）Electrical Clearances：电气间隙规则。

（4）Fanout Styles：布线扇出类型规则。

（5）Layer Directions：层布线走向规则。

（6）Drill Pairs：钻孔规则。

（7）Net Topologies：网络拓扑规则。

（8）SMD Neckdown Rules：SMD 焊盘线颈收缩规则。

（9）Unroutable pads：未布线焊盘规则。

（10）SMD Neckdown Width Warnings：SMD 焊盘线颈收缩错误规则。

（11）Pad Entry Warnings：焊盘入口错误规则。

单击规则名称，窗口自动跳转到相应的内容，同时也提供打开相应规则设置对话框的入口。

单击 Route All 按钮，系统开始按照布线规则自动布线，同时自动打开信息面板，显示布线进程信息。图 5-40 所示为自动布线进程。

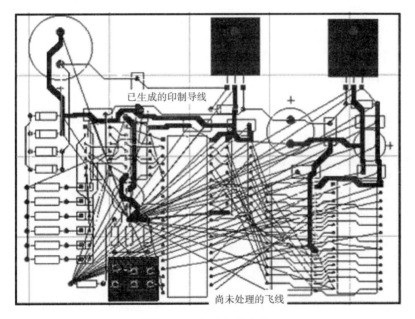

图 5-40　自动布线进程

5.5.4　手工修改

不论软件的自动布线功能多么完善，自动布线生成的连线依然存在这样或那样的缺陷，如局部区域走线太密、过孔太多、连线拐弯多等，使布线显得很零乱，抗干扰性能变差。因此，大多数情况下，都需要对自动布线的结果进行手工修改。

1. 修改走线的方法

修改走线的基本方法是利用 Tools 菜单下的 Un-Route（取消布线）命令组拆除已有连线，如 Un-Route|Net（对指定节点取消布线）、Un-Route|Connection（对指定飞线取消布线）和 Un-Route|Component（对指定元件取消布线）。

然后再通过手工或 Auto Route 菜单下的 Net、Connection、Component 等命令重新布线。

2. 修改走线的具体步骤

（1）选择 Tools|Un-Route|Connection 命令。

（2）将光标移到待拆除的连线上。

（3）单击，光标下的连线即可变为飞线。

（4）单击编辑区下的特定工作层，选择连线所在层。

（5）单击 Place 工具栏内的"导线"工具。

（6）必要时，按下【Tab】键，在导线属性选项区内选择导线宽度、锁定状态等选项。

（7）将光标移到与飞线相连的焊盘上，单击固定连线起点，移动鼠标用手工方式绘制印制导线。

修改后的走线应该比原来拐弯、过孔更少，连线长度更短，更为整洁美观。当然，PCB设计是一门"缺陷的艺术"，没有最好，只有更好。这主要是因为 PCB 设计要实现硬件各方面的设计需求，而个别需求之间可能是冲突的。因此，好的设计绝不是一蹴而就的，而是与设计人员的经验值息息相关的。

5.5.5 设计规则检查

完成了电路板设计后，应该选择 Tools|Design Rule Check（设计规则检查）命令，来检验自动布线及手工调整后，是否违反了通过 Design 菜单下的 Rules 命令设置的布线规则操作步骤如下：

选择 Tools|Design Rule Check 命令，弹出如图 5-41 所示的设计规则检查对话框，适当设置检查选项后，单击 Run Design Rule Check 按钮启动检查进程。

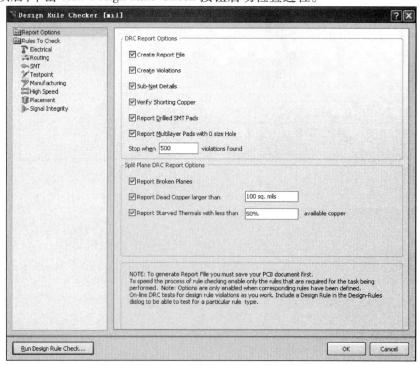

图 5-41　设计规则检查对话框

该对话框的设置内容包括两部分：Reports Options（报告选项设置）和 Rules To Check（校验规则设置）。

1. Reports Options（报告选项设置）

Reports Options 主要用于设置生成的 DRC 报告中所包含的内容。在右边的窗口中列出了 6 个选项，供设计者选择设置。

（1）Create Report File：建立报告文件。选中该复选框，则运行批处理 DRC 后，系统会自动生成报告文件，报告中包含了本次 DRC 运行中使用的规则，违规数量及其他细节等。

（2）Create Violations：建立违规。选中该复选框，则运行批处理 DRC 后，系统会将电路板中违反设计规则的地方用绿色标识出来，同时在违规设计和违规消息之间建立起链接，设计者可以直接通过 Message 面板中的显示，定位并找到违规设计。

（3）Sub-Net Details：子网络细节。选中该复选框，则对网络连接关系进行 DRC 校验并生成报告。

（4）Verify Shorting Copper：检验短路铜。选中该复选框，将对敷铜或非网络连接造成的短路进行检查。

（5）Report Drilled SMT Pads：内部平面警告。选中该复选框，系统将会对多层板设计中违反内电层设计规则的设计进行警告。

（6）Report Multilayer Pads with 0 size Hole：检验多层板零孔焊点。选中该复选框，将对多层板的焊点进行是否存在着孔径为零的焊盘进行检查。

2. Rules To Check（校验规则设置）

Rules To Check 主要用于设置需要进行校验的设计规则及进行校验的方式（在线或是批处理），如图 5-42 所示。

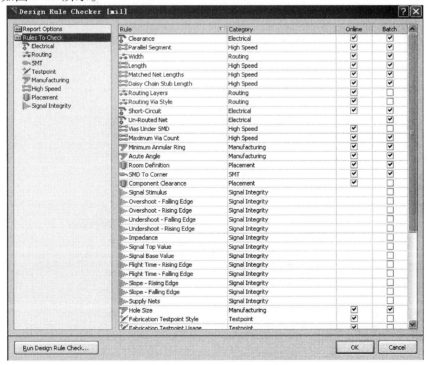

图 5-42　Rules To Check 对话框

如果选择产生报告文件,则检查结束后,显示检查结果文件(扩展名为.html)。

设计规则检查后,需要认真分析报告文件中的错误信息,根据错误性质,灵活运用拆线、删除、移动、手工布线以及修改连线属性等编辑手段,修正所有致命性错误。然后,再运行设计规则检查,直到不再出现错误信息,或至少没有致命性错误为止。

5.6 PCB布线的后续处理

在实际的PCB设计中,完成了主要的布局、布线之后,为了增强电路板的抗干扰性、稳定性及耐用性,还需要做些收尾工作,如敷铜、补泪滴及包地等。

5.6.1 敷铜

所谓敷铜,就是在电路板上没有布线的地方敷设铜膜。往往将敷铜与地线或电源线连接起来,以提高PCB的抗干扰能力,改善散热条件。

敷铜技巧：

(1)可设置不同区域采用不同的敷铜方式。敷铜可覆盖不同连线,如覆盖所有地线网络,这样可以保证地线有足够的宽度,便于散热。当敷铜与地线相连接时,也叫作大面积铺地。

(2)敷铜的形状可以改变。若敷铜线宽大于或等于敷铜的栅格间距,敷的铜膜将会是没有间隙的全铜。

1. 设置敷铜属性

选择Place|Polygon Pour(多边形敷铜)命令,或者单击Placement工具栏中▦按钮,即出现敷铜设置对话框,如图5-43所示。

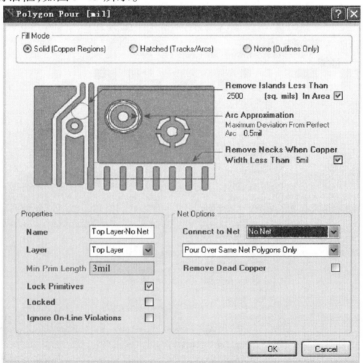

图5-43　敷铜设置对话框

在图 5-43 所示的敷铜设置对话框中,各项参数含义如下:

(1)Fill Mode(填充模式):选择敷铜的填充模式。对话框的中间区域内可以设置敷铜的具体参数,针对不同的填充模式,具有不同的设置参数选项。

● Solid(Copper Regions):需要设置删除岛的面积限制值,以及删除凹槽的宽度限制值,如图 5-43 上部所示。

● Hatched(Tracks/Arcs):需要设置网格线的宽度、网格的大小、围绕焊盘的形状及网格的类型,如图 5-44 所示。

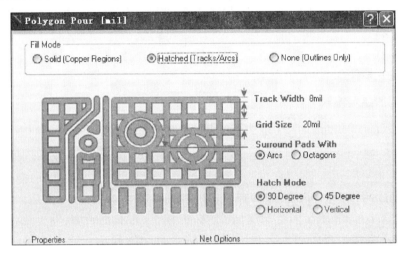

图 5-44　敷铜设置的 Hatched(Tracks/Arcs)选项

● None(Outlines Only):需要设置敷铜边界导线宽度及围绕焊盘的形状等,如图 5-45 所示。

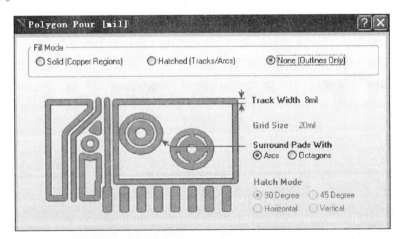

图 5-45　敷铜设置的 None(Outlines Only)选项

(2)Properties(特性),如图 5-43 左下部所示。

● Layer(层):设置敷铜所在的层面。

● Min Prim Length(最小图元的长度):设置最小图元的长度。

● Lock Primitives（锁定敷铜）：选择是否锁定敷铜。

（3）Net Options（网络选项），如图 5-43 右下部所示。

● Connect to Net（连接网络）：选择敷铜连接到的网络。

● Don't Pour Over Same Net Objects（敷铜不与同网络的图元相连）：敷铜的内部填充不与同网络的图元及敷铜边界相连，形成独立的岛。

● Pour Over Same Net Polygons Only（敷铜只与同网络的边界相连）：敷铜的内部填充只与同网络的焊盘及敷铜边界线相连。

● Pour Over All Same Net Objects（敷铜与同网络的任何图元相连）：敷铜的内部填充与敷铜边界线，以及同网络的任何图元相连，如焊盘、过孔、导线等。

● Remove Dead Copper（删除死铜）：是否删除死铜。敷铜过程有时会产生没有与任何网络相连接的铜膜，称为"死铜"。

2. 敷铜的放置与编辑

（1）选择 Place|Polygon Pour（多边形敷铜）命令，或者单击 Placement 工具栏中的▨按钮，在如图 5-43 所示的敷铜设置对话框中，指定敷铜的有关参数后，单击 OK 按钮退出。

（2）用光标沿着 Keep-out 边界线，画一个闭合的边框。单击，固定多边形第一个顶点；移动光标到第二个顶点，单击固定，不断重复移动、单击，再右击结束，即可绘出一个多边形敷铜区。用户不必费力将多边形框线闭合，系统会自动将起点和终点连接起来构成闭合框线。

（3）修改敷铜区属性。将鼠标移到敷铜区内任一位置，双击，即可激活敷铜层属性对话框，然后即可重新设置敷铜层参数，如线条宽度、线条间距、形状等。单击 OK 按钮，关闭敷铜属性设置对话框后，即可显示出重建提示。单击 Yes 按钮，即可按修改后的参数重建敷铜区。

（4）敷铜区的删除。在 PCB 编辑器内，选择 Edit |Select|Toggle Selection 命令，将光标移到敷铜区内任一位置，单击选定。此时仍处于选定操作状态，可以继续选定另一需要删除的敷铜区或元件。完成选定后，右击，退出选定操作状态。选择 Edit | Clear 清除命令，即可删除已选定的敷铜区。

5.6.2 补泪滴

在加工 PCB 钻孔时，应力易集中在导线与焊盘的连接处，而使接触处断裂。为了防止这种应力破坏 PCB，需要在连接处加宽铜膜导线来避免上述情况的发生，将过渡区域设计为泪滴形状，称为补泪滴。补泪滴是为了提高 PCB 的抗拉强度，提高 PCB 的可靠性。此外，补泪滴后的连接会变得比较光滑，不易因残留化学药剂而导致铜膜导线的腐蚀。

单击主工具栏中的▭按钮，选择将要泪滴化的区域。

选择 Tools|Teardrops 命令，弹出如图 5-46 所示的泪滴选项对话框进行相关设置。

该对话框有 3 个设置区域：

（1）General：该区域中的 Pads、Vias 和 Selected Objects Only 用于设置泪滴操作的适用范围，是焊盘、过孔还是只对选中目标补泪滴；Force Teardrops 是忽略规则约束，强制为焊盘或过孔加泪滴,此操作可能导致 DRC 发现违规;Create Report 设置是否建立补泪滴的报告文件。

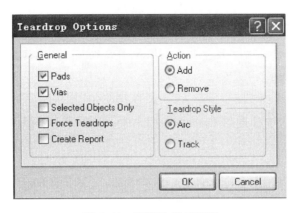

图 5-46　泪滴选项对话框

(2) Action:用于选择设置是添加还是删除相应范围的泪滴。

(3) Teardrop Style:用于选择泪滴的形式,即由焊盘向导线过渡时添加直线还是圆弧,系统默认为圆弧。

将选中的焊盘、过孔变为泪滴状态,再单击主工具栏中的　　(取消选中)按钮,即可获得泪滴化结果。

5.6.3　包地

包地就是在某些选定的网络布线范围,特别地围绕一圈接地布线,目的是为了保护这些网络布线,避免噪声信号的干扰。

选择 Edit|Select|Component Nets 命令,选中将要包线的网络,如图 5-47所示。

选择 Tools|Outline Selected Objects 命令,完成包线操作。包络线与所包围的图元之间的间距取决于安全间距规则的设置值。

双击打开每段包线的属性对话框,将其网络改为 GND,然后执行自动布线,完成接地工作,或者直接采用手工布线来接地。

如果要删除包线,选择 Edit|Select|Connected Copper 命令,光标变为十字形,单击选中包线,再按【Delete】键删除即可。

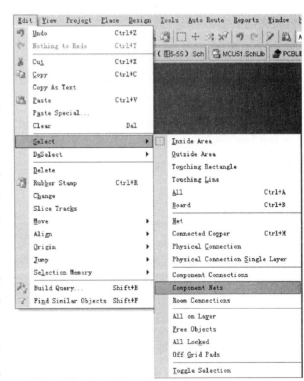

图 5-47　选中包线网络

进行包地操作时要注意选取网络,不能选择 Edit | Select | Physical Connection 命令,否则会产生不正确的结果。

5.6.4　生成 Gerber 文件和钻孔文件

Gerber 文件是一种符合 EIA 标准,用于将 PCB 电路板中的布线数据转换为胶片的光绘数据,可以被光绘图机处理的文件格式。PCB 生产厂家用这种文件来进行 PCB 制作。

PCB 布线处理完成后,可以直接把 PCB 文件交给生产厂家,厂家会将其转换成 Gerber 格式。但有经验的 PCB 设计者通常会将 PCB 文件按自己的要求生成 Gerber 文件,再交给 PCB 生产厂家制作,以确保制作出来的 PCB 效果符合个人的设计需要。

生成 Gerber 文件和钻孔文件的具体步骤如下:

(1)在 PCB 编辑器中选择 File | Fabrication Output | Gerber File 命令(见图 5-48),弹出 Gerber Setup(Gerber 设置)对话框,如图 5-49 所示。

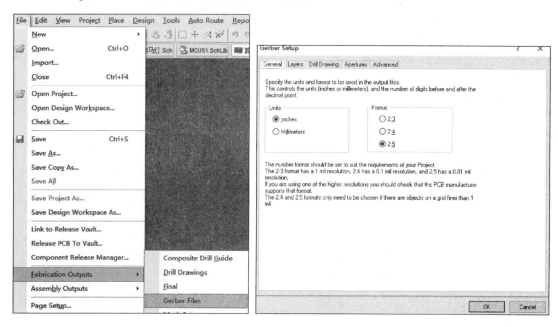

图 5-48　生成 Gerber 文件　　　　　　图 5-49　Gerber Setup 对话框

(2)在 General 选项卡中,Units 表示单位,可以是公制(Millimeters,毫米)或者英制(Inches,英寸)。Format 表示格式,用来设置为 PCB 加工指定对象放置的精度,例如,2:3 表示 1 mil 的分辨率,2:4 表示 0.1 mil 的分辨率,2:5 表示 0.01 mil 的分辨率。如果设计对象中放置的网格为 1 mil,则在输出 Gerber 文件时应将格式设置小于 1 mil,这一数据应该和制板厂家沟通,通常只有在输出对象需要控制在 1 mil 的网格内时,才选用 2:4 或者 2:5 的格式。

(3)Layers(层)选项卡用于设置需要生成 Gerber 文件的层面,如图 5-50 所示。左边列表栏可以选择设置需要输出及需要产生镜像的层,右边列表栏中可以指定哪些机械层需要被添加到 Gerber 文件。下方 Include unconnected mid-layer pads(包含未连接中间信号层上的焊盘)复选框被选中时,就在 Gerber 文件中绘出未连接的中间层的焊盘,该功能仅限于包含了中间信号层的 PCB 文件输出 Gerber 时有效。

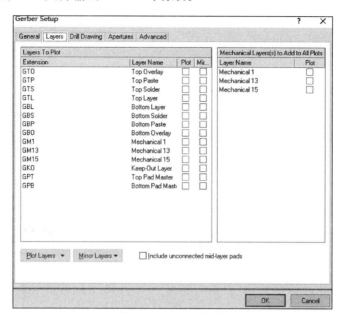

图 5-50　Layers 选项卡设置

（4）Drill Drawing（绘制钻孔）设置选项卡，如图 5-51 所示。在这个选项卡中，可以指定哪些层对需要钻孔图，还可以指定用于表示各种尺寸钻孔符号的类型和大小，同时还可以指定哪些层对需要钻孔向导文件。Drill Guide 是钻孔向导，PCB 上会显示设置的钻孔信息；而 Drill Drawing 是按 X、Y 轴的数值定位，画出整块印制电路板所需钻孔的位置图。

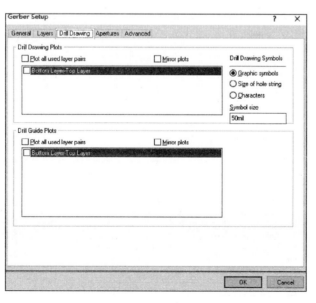

图 5-51　Drill Drawing 选项卡

（5）Apertures（光圈）设置选项卡，如图 5-52 所示，可以使能或设置设计中特定的光圈信息。当使能了嵌入式光圈（RS274X）参数，系统将会自动为输出的 Gerber 文件产生一个光圈列表，并根据 RS274X 标准将光圈嵌入到 Gerber 文件中。

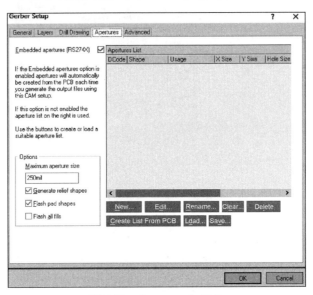

图 5-52　Apertures 选项卡

（6）Advanced（高级）设置选项卡提供与光绘胶片相关的各个选项，如图 5-53 所示。在该选项卡中，可以设置输出 Gerber 文件时的胶片尺寸及边框大小、零字符格式、光圈匹配公差、板层在胶片上的位置、制造文件的生成模式和绘图器类型等参数。在 File Size 中定义输出胶片的尺寸；Aperture Matching Tolerances（光圈匹配公差）用来设置相邻两个光圈的差值大小；Batch Mode（批处理模式）中选择每层独立产生一个输出文件还是在一层上将所有层同时绘制；Other（其他）属性栏中，G54 主要为了满足老的制板绘图设备需要，当绘图机不能绘制圆弧时需要选择 Use software arcs。

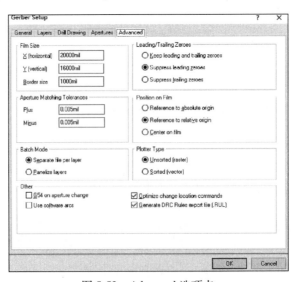

图 5-53　Advanced 选项卡

（7）完成 Gerber 设置后，单击 OK 按钮，系统将按照设置自动生成各个图层的 Gerber 文件，并加入到 Project（项目）面板中该项目的 Generated（生成）文件夹中。同时，系统启动 CAMtastic 编辑器，将所有生成的 Gerber 文件集成为 CAMtastic1. Cam 文件并自动打开。在这里，可以进行 PCB 制作板图的校验、修正、编辑等工作。

Gerber 文件的各层文件的扩展名命名列表，如表 5-3 所示。另外，还将额外生成 *. rul（PCB 文件中定义的设计规则约束）和 *. rep 文件（生成 Gerber 时的全局报告）。

表 5-3　Gerber 文件的各层文件的扩展名命名列表

扩展名类型	定　义
G1、G2 等	中间信号层 1、2 等
GBL	底层信号层
GBO	底层丝印层
GBP	底层锡膏层
GBS	底层阻焊层
GDD	钻孔层
GDG	钻孔向导
GD1,GD2 等	钻孔绘制信息（基于在"钻孔对管理对话框"中钻孔对定义的顺序排列）
GG1、GG2 等	钻孔向导信息（基于在"钻孔对管理对话框"中钻孔对定义的顺序排列）
GKO	禁止布线层
GM1、GM2 等	机械加工层 1、2 等
GP1、GP2 等	内部平面层 1、2 等
GPB	底层主要焊盘
GPT	顶层主要焊盘
GTL	顶层信号层
GTO	顶层丝印层
GTP	顶层锡膏层
GTS	顶层阻焊层
P01、P02 等	Gerber 面板 1、2 等
APR	当设置为嵌入式光圈（RS274X）时的光圈定义文件
APT	当未设置为嵌入式光圈（RS274X）时的光圈定义文件

（8）在 PCB 编辑器中选择 File|Fabrication Output|NC Drill File 命令，见图 5-54，弹出 NC Drill Setup（钻孔设置）对话框，如图 5-55 所示。

模块 5

PCB设计

图 5-54　生成钻孔文件

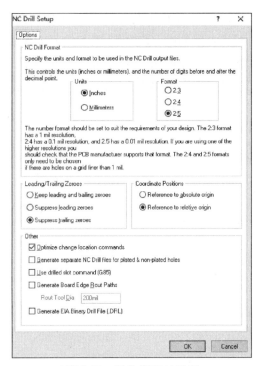

图 5-55　钻孔设置对话框

（9）单击图 5-55 中的 OK 按钮，在弹出的如图 5-56 所示的 Import Drill Data（输入钻孔数据）对话框中，单击该 OK 按钮进行第二次输出，生成如下 3 个文件。

图 5-56　输入钻孔数据对话框

● *. TXT：该文件为钻孔机驱动文件，是文本格式文件。

● *. DRR：该文件为钻孔报告文件，其内容包括使用的钻头、钻孔尺寸及钻孔数量等。

● *. DRL：该文件为钻孔机驱动文件，是二进制格式文件。

以上两次输出的文件都保存在当前工程目录下的"Project Outputs for *"文件夹中，只要把该文件夹中的所有文件打包压缩，发送到 PCB 加工厂家进行加工即可。

问题思考与操作训练

1. 为模块 2 问题思考与操作训练中第 6、7、8 题各原理图分别建立 PCB 工程，并在工程中生成相应的 PCB 文件，练习布局、布线以及后处理等操作。

2. 为模块 4 问题思考与操作训练中第 3 题各原理图（详见附录 A 中图 A-1）分别建立 PCB 工程，并在工程中生成相应的 PCB 文件，练习布局、布线以及后处理等操作。

3. 尝试为模块 4 问题思考与操作训练中第 3 题中，"MCU51 单片机开发板电路"原理图（详见附录 A 中图 A-11）建立 PCB 工程，并在工程中生成相应的 PCB 文件，练习布局、布线以及后处理等操作。

模块⑥

→ PCB制作工艺

学习目标

● 了解制作 PCB 所需的常用材料。

● 了解 PCB 的加工方法及生产过程

PCB 设计完成后,就需要由厂家对 PCB 进行制作与加工。在本模块将介绍制作 PCB 所需的常用材料,PCB 的加工方法及生产过程。

6.1 制作 PCB 所需材料

制作 PCB 所需的材料主要有:基板、铜箔、PP、感光材料、防焊漆、底片等,下面进行详细介绍。

1. 基板

一般印制电路板用基板材料可分为两大类:刚性基板材料和柔性基板材料。一般刚性基板材料的重要品种是覆铜板。它是用增强材料浸以树脂胶黏剂,通过烘干、裁剪、叠合成坯料,然后覆上铜箔,用钢板作为模具,在热压机中经高温高压成形加工而制成的。一般的多层板用的半固化片,则是覆铜板在制作过程中的半成品,多为玻璃布浸以树脂,经干燥加工而成。

覆铜箔板的分类方法有多种。一般按板的增强材料不同,可划分为:纸基、玻璃纤维布基、复合基、积层多层板基和特殊材料基(如陶瓷、金属芯基等)五大类。

若按板所采用的树脂胶黏剂不同进行分类,常见的纸基 CCI,有酚醛树脂(XPc、XxxPC、FR-1、FR-2 等)、环氧树脂(FE-3)、聚酯树脂等各种类型。常见的玻璃纤维布基 CCL,有环氧树脂(FR-4、FR-5),它是目前最广泛使用的玻璃纤维布基类型。另外,还有以玻璃纤维布、聚基酰胺纤维、无纺布等为增强材料的其他特殊性树脂:双马来酰亚胺改性三嗪树脂(BT)、聚酰亚胺树脂(PI)、二亚苯基醚树脂(PPO)、马来酸酐亚胺——苯乙烯树脂(MS)、聚氰酸酯树脂、聚烯烃树脂等。

基板材料对成品的可能影响主要为尺寸稳定性、固化度、耐化学性、可燃性、翘曲与扭曲度、耐焊性、冲制性与机械加工性、分层等。

2. 铜箔

现用 PCB 上所覆金属箔大多为铜箔,用压延或电解方法制成,厚度一般为 0.3 ~ 3 mil,根据承载电流大小及蚀刻精度选择。铜箔对品质的影响主要为表面凹痕及麻坑、抗剥强度等。

3. PP

PCB 行业的 PP，实际上是 Prepreg 的缩写，也就是半固化片，又称预浸材料，是用树脂浸渍并固化到中间程度的薄片材料。半固化片可用作多层印制电路板的内层导电图形的黏结材料和层间绝缘。在层压时，半固化片的环氧树脂融化、流动、凝固，将各层电路黏合在一起，并形成可靠的绝缘层。PP 为制备多层板时不可缺少层间黏合剂，实际就是 B 阶的树脂。

4. 感光材料

感光材料有光致抗蚀剂、感光膜之分，即业内所称的湿膜与干膜。

光致抗蚀剂在覆铜板上的涂层在一定波长的光照时就会发生化学变化，从而改变在溶剂（显影液）中的溶解度。其又有正性（光分解型）及负性（光聚合型）的差别，负性抗蚀剂指未曝光前都能溶解于该显影剂中，曝光后转变成的聚合物则不能溶于显影液中；正性抗蚀剂则相反，感光生成可以溶于显影液的聚合物。

感光膜即干膜也有负性与正性之分，即光聚合型与光分解型，它们都对紫外线很敏感。干膜与湿膜在价格上有很大差距，但因为干膜能提供高精度的线条与蚀刻，所以有取代湿膜的趋势。

5. 防焊漆

防焊漆也称油墨，实际上是一种阻焊剂，常见的是一种对液态焊锡不具有亲和力的液态感光材料，在特定光谱照射下会发生变化而硬化。其他还有用到 UV 绿油和湿膜，网版印刷后直接铜板即可。实际见到的 PCB 的颜色即为防焊漆的颜色。

6. 底片

底片亦称菲林，类似于照相用的聚酯底片，都是利用感光材料记录图像资料的材料，具有很高的对比度、感光度及分辨率，但要求感光速度要低。采用玻璃做底片可以满足精细线条及尺寸稳定性的要求。

6.2　制板前的准备

正式制板前需要对菲林资料进行检查，制作菲林以及各种辅助程序、模具等。

1. 检查客户的菲林资料

通过 CAM 软件检查客户的 Gerber 文件是否有问题，是否符合本厂工艺，并核对 D-CODE，对原始图面进行补偿等。以前的 CAM 软件有 G-CAM、GBR，现在常用的是 View 2001，还有在 UNIX 上运行的 Gensis 2000，因为成本太高而较少使用。

2. 制备菲林

在照相室内通过光绘机（Plotter）制备，原理基本等同于打印机。可以对原图进行缩放，可以选择转正相（片）或负相（片）的底片。以双面板为例，需要制备的菲林一般有 COMP TXTE、COMP MASK、COMP、DRILL、SOLDER、SOLDER MASK、SOLDER TXTE 等若干层。对于铜箔层，同样用光聚合型（负性）感光膜时，负相底片适合于用印制—蚀刻工艺，而正片则适用于印制—电镀—蚀刻工艺。

3. 辅助工作

准备 PCB 加工过程所用到的各种程序,如拼版图、钻孔程序、作业指示等,以及要用到的各种模具、网版,如测试治具、成形模具、绿油网版、丝印网版等,都需要在 PCB 加工前或与 PCB 加工同步进行。

6.3　PCB 加工方法

1. 机械方法

这种方法只适用于单面板,使用做好的冲模将涂有黏合剂的铜箔压入基材中,实现黏合及切割图形,并在导线边缘将导线压入基材中。冲模通常用光刻或机械雕刻的方法刻出来,可以同时完成 PCB 的落料和冲孔。

2. 化学方法

化学方法分为减成法和加成法。

减成法也叫作金属箔蚀刻法,是目前主流的加工方法。可分成两种工艺:印制—蚀刻法和印制—电镀—蚀刻法。前者是在基板上形成正性的图形,后者则在基板上形成负性(或反)的图形。

加成法只是通过化学镀,或者化学镀与电镀相结合,在没有覆铜箔的基材上直接淀积出导电图形。

3. 互联方法

典型的互联方法为孔金属化法,此外还有铆接空心铆钉、钎焊打弯导线的机械方法。

6.4　PCB 生产过程

6.4.1　双面板的生产过程

双面板生产一般采用"印制—电镀—蚀刻"法,加工流程如图 6-1 所示。

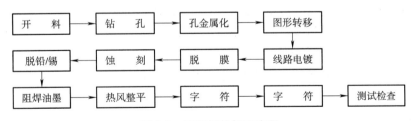

图 6-1　双面板的加工流程

1. 开料

开料,就是将基板、垫板等大块的板材,根据拼版图裁切成符合客户需求的小板的尺寸,所使用的工具一般为剪床或圆盘锯。

PCB 板厂的原材料一般是 1 020 mm × 1 020 mm 和 1 020 mm × 1 220 mm 规格的,如果

单板或拼板的尺寸不合适，PCB 生产过程中，就会产生很多的原料废边，PCB 单位价格就贵一些；如果板子大小设计得好，单板或拼板的尺寸正好是原材料的 n 等分，那么原材料的利用率就最高，PCB 板厂也好开料。

2. 钻孔

钻孔，一般都采用精密的数控多头钻床，依靠事先编好的程序工作。可以进行精确的定位，精度在 ±3 mil，最小可钻 0.3 mm 的孔。钻孔越小，钻头越细，进刀与退刀就越慢。一般是将几块板材叠起一同钻，上、下均有适当材料的垫板（下为木垫板、上为薄铝垫板），起到去毛刺及清洁冷却刀具的作用。钻孔产能通常是工厂的瓶颈，而钻孔的成本一般也占 PCB 总成本的 30% ~40% 。

3. 孔金属化

孔金属化，就是对整个拼板进行化学镀铜，从而让原本无铜的钻孔孔壁上也沉积上一层薄的铜，化学镀铜的厚度至少为 0.1 mil。化学沉铜的质量直接影响后续电镀铜的质量及上下层之间连接的可靠性。其原理可用如下化学方程式表示：

$$2Cu^{2+} + HCHO + 3OH^- {=\!=\!=} 2Cu^+ + HCOO^- + 2H_2O$$
$$2Cu^+ {=\!=\!=} Cu + Cu^{2+}$$

铜离子被强碱介质中的甲醛所还原，主要生成物为金属铜，一般还用钯来作催化剂加速该反应。为了确保化学镀铜的质量，一般还会立即进行整板闪镀。

4. 图形转移

圆形转移又称曝光显影，即利用感光材料将菲林（正片）上的图形转印到基板的铜箔上。由前所述，感光材料有正性、负性及湿膜、干膜的差别。以负性干膜为例，在不含紫外线的安全光线下，将干膜（光致聚合物夹在聚酯薄膜与聚丙烯薄膜之间）用压膜机贴附到加工板表面；再将菲林对准聚酯薄膜的那一面套准，置于一真空框架中曝光，曝光越快，线条边缘越精细，清晰；剥去聚酯保护覆膜后即可开始显影，在一定温度的三氯乙烷中进行一段时间后，就显现出清晰的电路图形，没有线路的地方被聚合物保护起来。

5. 线路电镀

线路电镀也称为图形电镀，就是在电解液中借助于电流，在阴极（基板上的铜箔）上淀积出一种黏附性的金属镀层，一般是在露出的线路及 PTH（Plating Through Hole，沉铜通孔）上先镀铜，然后再镀合金焊料或贵金属（根据要求不同可以选择不同的工艺）。镀铜工艺的正极都是用铜盐，如硫酸盐、焦磷酸盐、氟硼酸盐等，用来使 PTH 达到 1 mil 以上。铅/锡电镀是用来做金属抗蚀层，确保蚀刻作业中不会破坏需要的线路，正极一般用氟硼酸亚锡和氟硼酸铅。

6. 脱膜

脱膜是指在特定的溶液（Na_2CO_3）中将保护在无用铜箔上的聚合膜（曝光固化后的感光膜）褪掉，以便在后续作业时蚀刻掉这些多余的铜。干膜一般可在溶剂或水溶性碱液中褪掉。

7. 蚀刻

蚀刻的目的就是去掉多余的铜，以得到所需要的电路图形。蚀刻溶液有多种，可分为碱性工艺与酸性工艺,根据不同需要选用。现常用的有碱氨(NH$_4$OH)、氯化铜、过硫酸盐、三氯化铁等,都是将金属铜转化为铜盐溶于溶液中。

8. 脱铅/锡

脱铅/锡是褪掉铜线上已经无用的保护金属,所用的溶液一般为组分复杂的专利产品。

9. 阻焊油墨

阻焊油墨是用网印机将防焊漆均匀涂布在板面上,再用菲林通过曝光机对其曝光显影,烘烤上一定时间即可。其作用是将除焊盘以外的铜保护起来,不让其裸露出来,达到过锡炉时不上锡的目的。现常见的防焊油墨的颜色为绿色,但在计算机板卡上又用到各种颜色,甚至如所谓的金板、银板等。

10. 热风整平

热风整平又称喷锡(实为铅锡合金),通过喷锡机在所有需要上锡的地方(阻焊油墨以外的铜箔上)喷锡,并使锡平面平整、光滑。在待喷板先上 FLUX(助焊剂),然后浸入熔融的锡炉中,再迅速提出来用高压风刀猛吹,使焊锡平整并降温硬化。

11. 字符

字符就是通过网版用丝印的方式将元件名、标号等标识在板子上。厂商一般会在空白处加上自己的厂标、UL 标志、生产的周期章等。

12. 外形

复杂的板子都是由铣床(CNC 铣或仿形铣)切割成的。铣刀可以垂直、水平运动,可以很精确地控制外形尺寸,但铣床速度慢、成本高。

13. 测试检查

测试检查分为光学或电子方式测试和目测。

光学方式测试采用扫描仪找出各层的缺陷;电子方式测试则通常用飞针探测仪(Flying-Probe)来检查所有连接。待测板上的每一个网络及其不同分支上首尾的焊盘都会对应一个探测针,以确认同网络之间有无断路、不同网络之间有无短路。电子测试在寻找短路或断路方面比较准确,不过光学测试可以更容易地侦测到导体间不正确空隙的问题。

目测是包装出货前的最后一道确保质量的工序,一般由受过专门训练的工人来检验。最后再以适度的烘烤消除电路板在制程中所吸附的湿气及积存的热应力,用真空袋封装出货。

6.4.2 单面板的生产过程

单面板因为没有 PTH,一般采用"印制—蚀刻"法生产。也就是钻孔后,会先整板电镀,然后图形转移(用正相菲林、光聚合型膜),再蚀刻即可得所要的线路。

在图形转移这道工序中,还可利用网版将一种业内称为黑油的热固性材料,直接将所需要的图形转印在基板上,然后在 UV 机上通过 X 光加热固化,同样能起到防蚀刻的作用。但刷黑油工艺因精度较低,只适合不太复杂的单面板,但具有成本低的优势。

模块 6

PCB制作工艺

由于单面板的基板材质比较适合冲制加工,在误差可以接受且产量较大的情况下可选择冲孔加工的方式,但需另外做冲模,因此批量生产才有成本优势。

6.4.3　复杂的多层板的生产过程

复杂的多层板较单、双面板的加工只是增加了压合这个工序,其主要加工流程如图6-2所示。其中内层制作与单面板相似,外层制作与双面板相似。

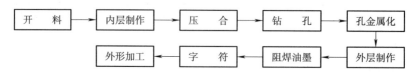

图 6-2　多层板的加工流程

各单片层必须要压合才能制造出多层板。压合动作包括在各层间加入绝缘层,以及将彼此粘牢等。如果有透过好几层的导孔,那么每层都必须要重复处理。多层板的外侧两面上的布线,通常在多层板压合后才处理,压合工序又可分为黑化及压合两步。

黑化是用强氧化剂将要作为内层的基板上的铜箔表面氧化,由于氧化铜为黑色,故称为黑化。黑化后的铜表面,在微观上是一根根很尖的晶针,这可以刺入 PP 中加强基板与 PP 的结合力。

压合是在压合机上完成的。将叠好的多块待压合的多层板、中间用镜板(非常光滑的钢板,防止铜箔划伤),一同放入抽成真空的压合机中,在高温、高压下使 PP 固化到 C 阶且均匀分布。压合这一步要控制的主要为层间的偏移。

如果制作的多层 PCB 里面包含埋孔或者盲孔,每一层板子在黏合前必须要先钻孔与电镀。如果不经过这个步骤,就没办法互相连接。

6.4.4　补充说明

1. 孔的加工方式

单面板上的孔不论是钻孔或冲孔,都是一次完成的。双面板或多面板根据 NPTH(非镀通孔)的多少,可选择二次钻工艺或塞孔工艺。

二次钻是针对 NPTH 较多的情况,一般在外形加工时在 CNC 上再进行一次钻孔,加工出需要的 NPTH。

塞孔是针对 NPTH 较少的情况,在孔金属化前,会用塞孔胶塞紧不需要镀通的孔,化学镀完成后用手工去除塞孔胶即可。

2. 镀金手指

镀金手指是指在阻焊油墨完成之后,在电路板的插接端点上(俗称金手指)镀上一层镍层及高化学钝性的金层,来保护端点及提供良好的接通性能。一是因为金有很高的导电率;二是因为金的氧化电位为负,是理想的抗锈蚀金属;三是因为接触电阻低,是理想的接触表面金属。其中,还含有适量的钴,具有优良的耐磨特性,过去一般采用酸性含氰镀金,现在普遍使用的为碱性无氰镀金。

3. 塞墨

塞墨是对双面、多层板上的过孔(Via,非元件脚的镀通孔)再涂上阻焊油墨的一种工艺,目的是让其在过波峰焊时不上锡,减少因线路中镀通孔过密而导致连锡的可能。

塞墨一般与刷阻焊油墨同步,通过事先做好的铝质网版,在需要塞墨处理的过孔上沉积一定量的油墨,锔干后再用丝印网版刷油墨。

问题思考与操作训练

1. 制作 PCB 所需基本材料有哪些?
2. PCB 制板前通常需要做哪些准备?
3. PCB 加工方法通常有哪几种?
4. 请根据自己的理解,简述双面板的生产流程。
5. 请根据自己的理解,简述单面板的生产流程。
6. 请根据自己的理解,简述多面板的生产流程。

　　单片机开发板是为学习单片机技术与开发单片机项目而设计的一款常见的工具产品，本书以一款 MCU51 单片机开发板电路（图 A-11）为设计实例，难度适中、实用性强。但 MCU51 单片机开发板电路对于初学者来说略显庞大与复杂，因此，我们按照电路功能将单片机开发板电路原理图分割成十幅相对比较简单的电路原理图（详见图 A-1 ~ 图 A-10）。这十幅电路图既彼此独立，又紧密联系，其中核心部件是重复的，外围电路是不同的。大家可以根据自身情况进行练习，当完成了十幅小图之后，整个单片机开发板电路原理图也就跃然纸上了。

　　图 A-1 中的跑马灯电路是用单片机控制 8 个 LED 发光二极管亮灭的电路，虽然简单，却是十分经典的例子。通过跑马灯系统设计的学习与编程，学生能很快熟悉单片机的操作方式，了解单片机系统的开发流程，增强学习单片机系统设计的信心。在单片机运行时，可以在不同状态下让跑马灯显示不同的组合，作为单片机系统正常的指示。当单片机系统出现故障时，可以利用跑马灯显示当前的故障码，对故障做出诊断。此外，跑马灯在单片机的调试过程中也非常有用，可以在不同时候将需要的寄存器或关键变量的值显示在跑马灯上，提供需要的调试信息。

　　图 A-2 中是七段 LED 数码管显示电路，七段数码管一般由 8 个发光二极管组成，其中 7 个细长的发光二极管组成数字显示，另外一个圆形的发光二极管显示小数点。当发光二极管导通时，相应的一个点或一个笔画发光。控制相应的二极管导通，就能显示出各种字符。

　　图 A-3 中是数字钟电路，数字钟是一种用数字电路技术实现时、分、秒计时的钟表，与机械钟相比具有更高的准确性和直观性，具有更长的使用寿命，已得到广泛的应用。利用单片机实现的数字钟编程灵活，便于功能的扩展。

　　图 A-4 是利用单片机控制液晶屏显示的电路。

　　图 A-5 是利用单片机控制直流小电机正、反转的电路。

　　图 A-6 是键盘扫描电路。矩阵键盘是单片机外围设备中所使用的排布类似于矩阵的键盘组，由于电路设计时需要更多的外部输入，单独地控制一个按键需要浪费很多的 IO 资源，所以就有了矩阵键盘，常用的矩阵键盘有 4×4 和 8×8，其中用得最多的是 4×4。

　　图 A-7 是继电器控制电路。继电器是一种电子控制器件，它具有控制系统（输入回路）和被控制系统（输出回路），通常应用于自动控制电路中，它实际上是用较小的电流去控制较大电流的一种"自动开关"，故在电路中起着自动调节、安全保护、转换电路等作用。

　　图 A-8 是串行通信电路，信息的各位数据被逐位按顺序传送的通信方式称为串行通信。

　　图 A-9 是 A/D（模拟/数字）转换电路，51 单片机内部没有集成模数转换模块，所以就要借助外部模数转换电路。

图 A-10 是 I^2C 总线通信电路。串行扩展总线技术是新一代单片机技术发展的一个显著特点,其中 PHILIPS 公司推出的 I^2C 总线(Intel IC BUS)最为著名。与并行扩展总线相比,串行扩展总线有突出的优点:电路结构简单,程序编写方便,易于实现用户系统软硬件的模块比、标准化等。目前,I^2C 总线技术已为许多著名公司所采用,并广泛应用于视频音像系统中。

图 A-11 是 MCU51 单片机开发板电路总图。

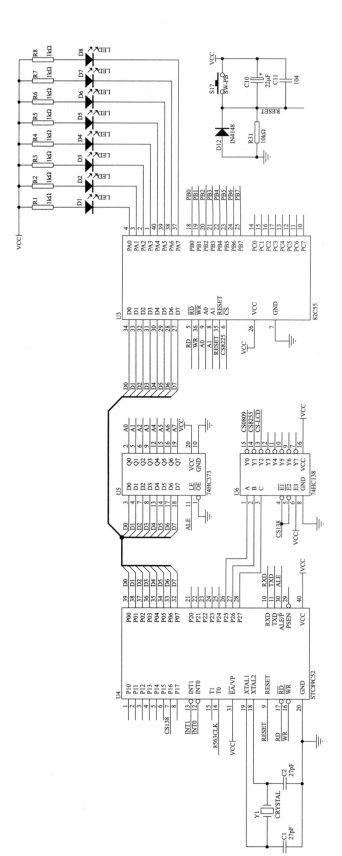

图A-1 跑马灯电路

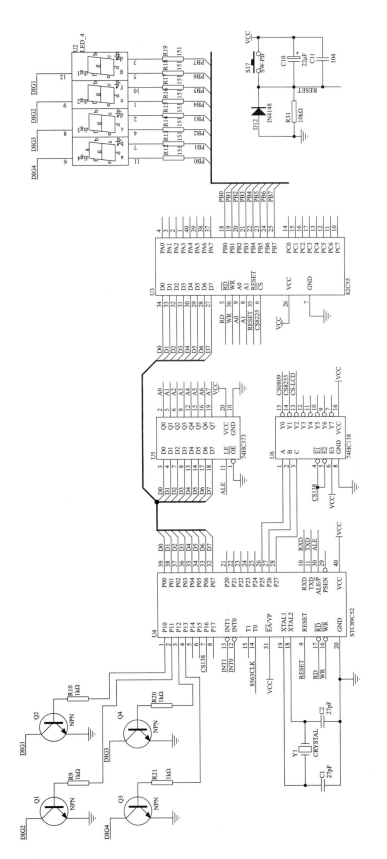

图 A-2　七段 LED 数码管显示电路

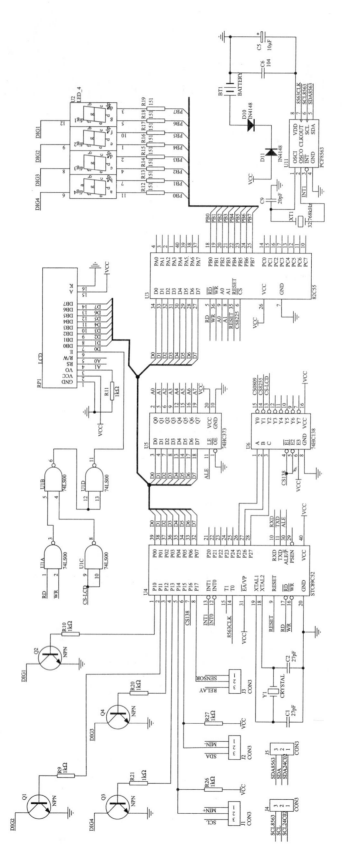

图 A-3　数字钟电路

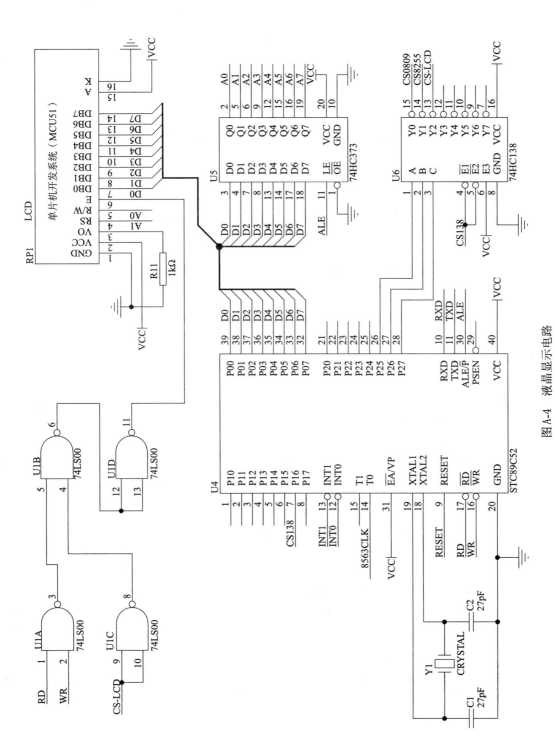

图 A-4　液晶显示电路

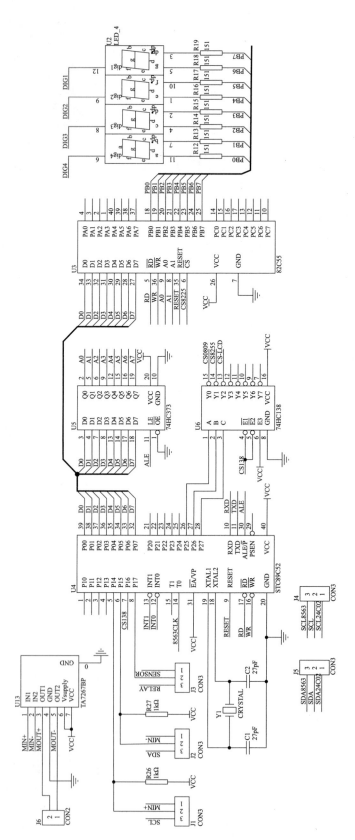

图 A-5 直流小电机正反转控制电路

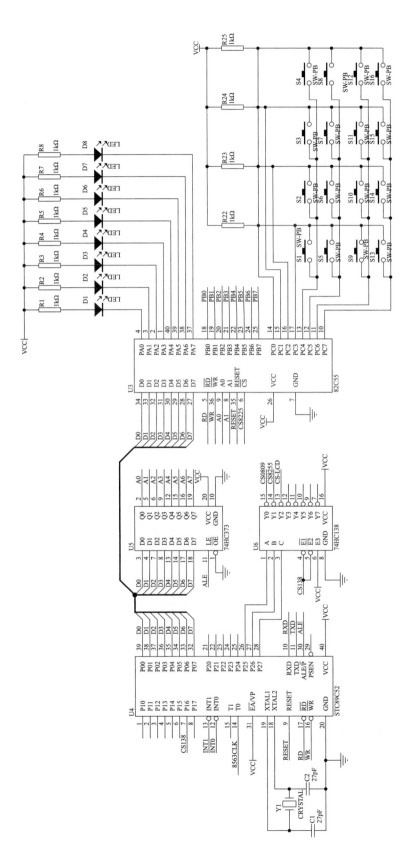

图 A-6　键盘扫描电路

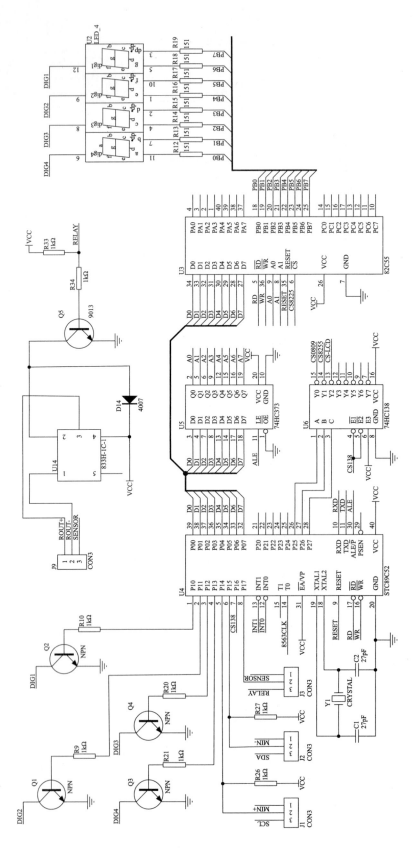

图 A-7　继电器控制电路

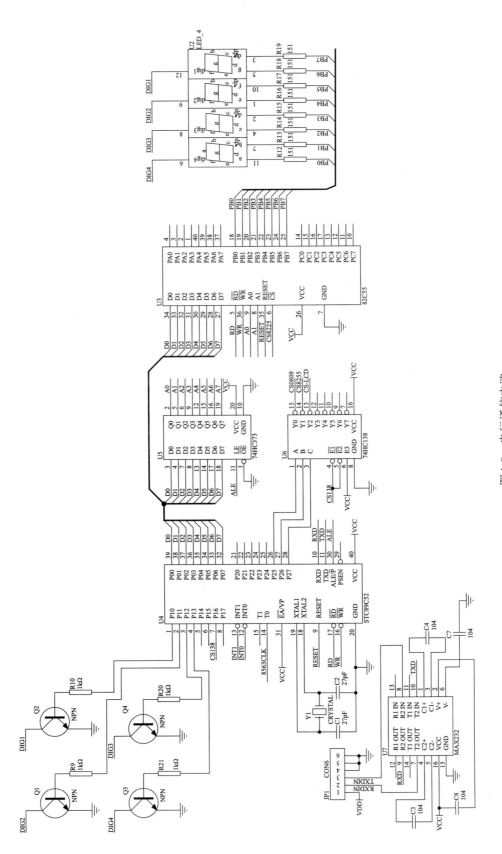

图 A-8　串行通信电路

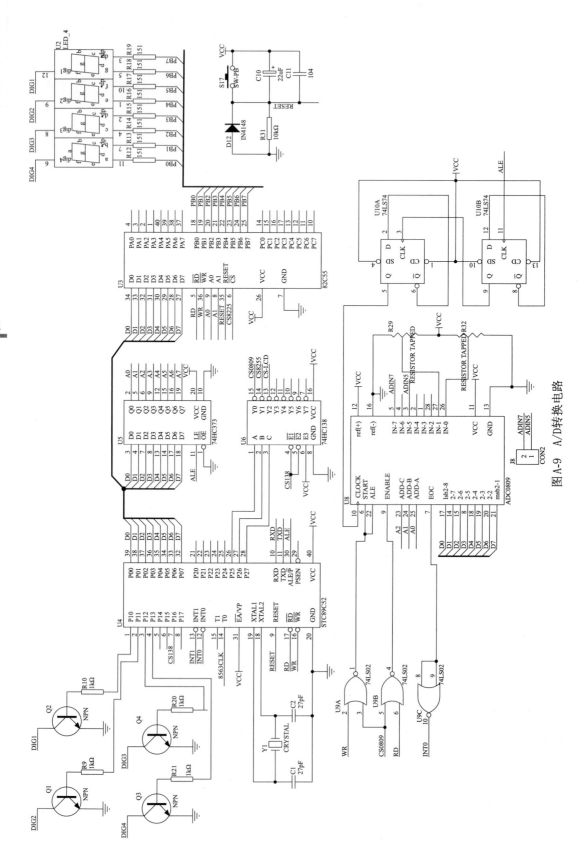

图 A-9　A/D转换电路

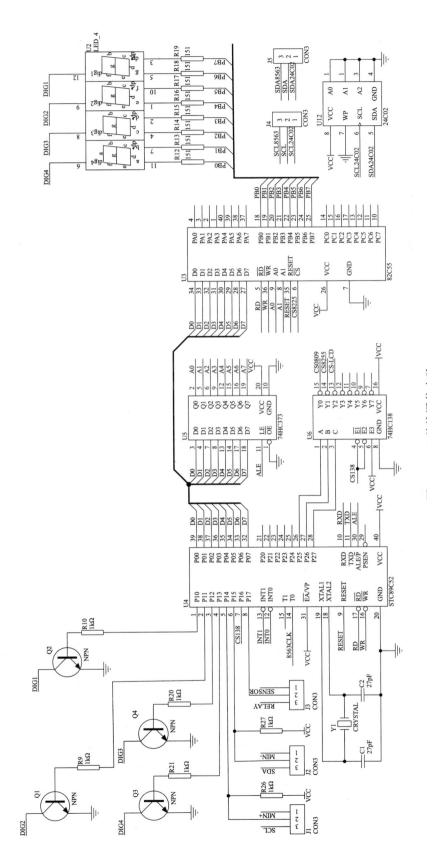

图 A-10　I²C总线通信电路

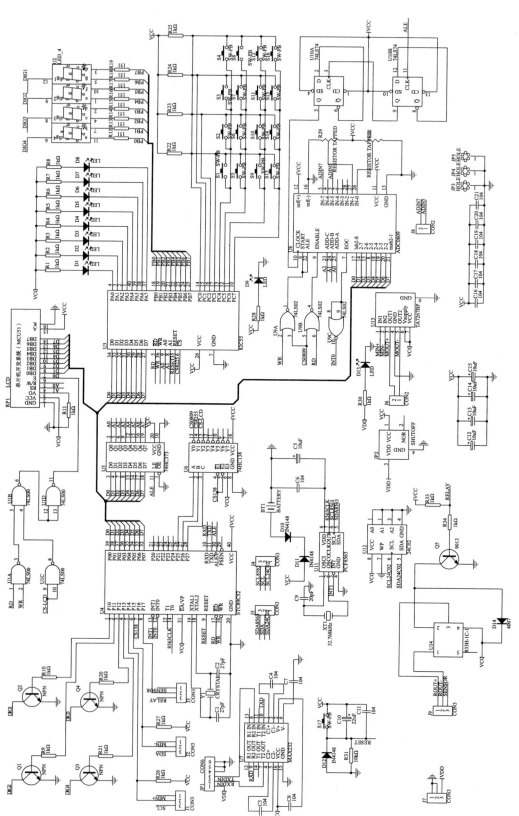

图A-11　MCU51单片机开发板电路

附录B

➡ 电子元器件图形符号对照表

序　　号	软件中的画法	国家标准画法
1		
2		
3		
4		
5		
6		
7		
8		
9		
10		
11		

序　　号	软件中的画法	国家标准画法
12		
13		

附录C

➡ 部分元件的原理图符号与PCB封装

MCU51 单片机开发板电路部分元件的原理图符号与 PCB 封装,如图 C-1 ~ 图 C-24 所示。

34 D0	PA0 4
33 D1	PA1 3
32 D2	PA2 2
31 D3	PA3 1
30 D4	PA4 40
29 D5	PA5 39
28 D6	PA6 38
27 D7	PA7 37

图 C-1　82C55 原理图符号

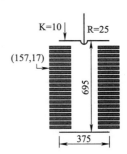

图 C-2　82C55 元件封装 P82C55-40

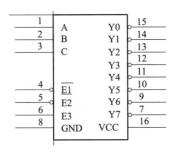

图 C-3　74HC138 原理图符号

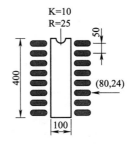

图 C-4　74HC138 元件封装 SO-16

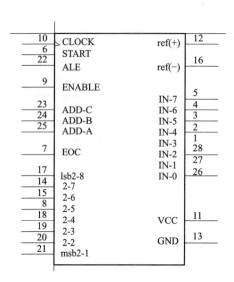

图 C-5　ADC0809 原理图符号

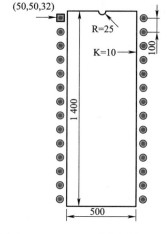

图 C-6　ADC0809 元件封装 DIP28

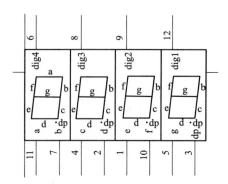

图 C-7　LED_4 原理图符号

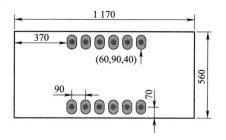

图 C-8　LED_4 元件封装 PCBLED

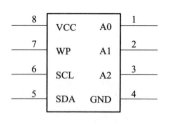

图 C-9　24C02 原理图符号

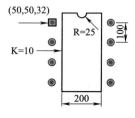

图 C-10　24C02 元件封装 DIP8

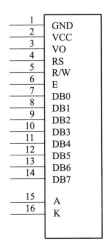

图 C-11　LCD 原理图符号

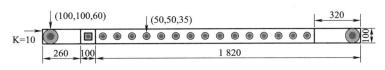

图 C-12　LCD 元件封装 PCBLCD16

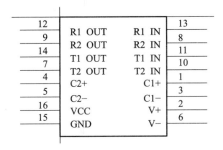

图 C-13　MAX232 原理图符号

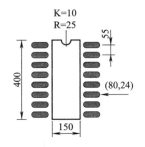

图 C-14　MAX232 元件封装 SOJ-16

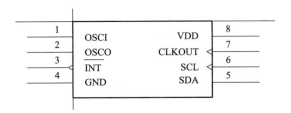

图 C-15　PCF8563 原理图符号

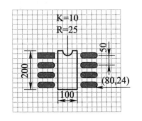

图 C-16　PCF8563 元件封装 PCQFP8

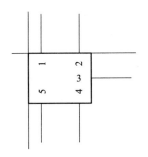

图 C-17　833H-1C-1 原理图符号

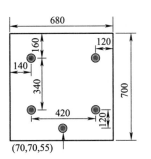

图 C-18　833H-1C-1 原理图符号元件封装 PS833H-1C-1

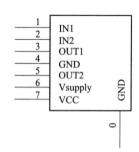

图 C-19　A7627BP 原理图符号

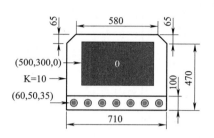

图 C-20　TA7627BP 元件封装 PTA7627-7

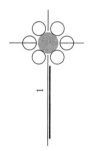

图 C-21　HOLE 原理图符号

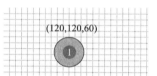

图 C-22　HOLE 元件封装 PHOLE

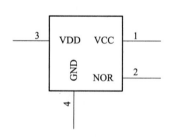

图 C-23　SHUTOFF 原理图符号

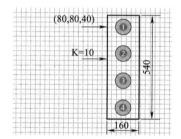

图 C-24　SHUTOFF 元件封装 PSHUT

参 考 文 献

[1] 劳文薇,邢云凤. 电路仿真与 PCB 设计[M]. 西安:西安电子科技大学出版社,2012.

[2] 陈光绒. PCB 板设计与制作[M]. 北京:高等教育出版社,2013.

[3] 陈强. 印制电路板的设计与制造[M]. 北京:机械工业出版社,2012.

[4] 王渊峰,戴旭辉. Altium Designer 10 电路设计标准教程[M]. 北京:科学出版社,2012.

[5] 高海宾,辛文,胡仁喜,等. Altium Designer 10 从入门到精通[M]. 北京:机械工业出版社,2011.

[6] 谢龙汉,鲁力,张桂东. Altium Designer 原理图与 PCB 设计及仿真[M]. 北京:电子工业出版社,2012.

[7] 高歌. Altium Designer 电子设计应用教程[M]. 北京:清华大学出版社,2011.